你要永远"高傲"
别　　被
世俗叨扰

一只兔尾 —— 著

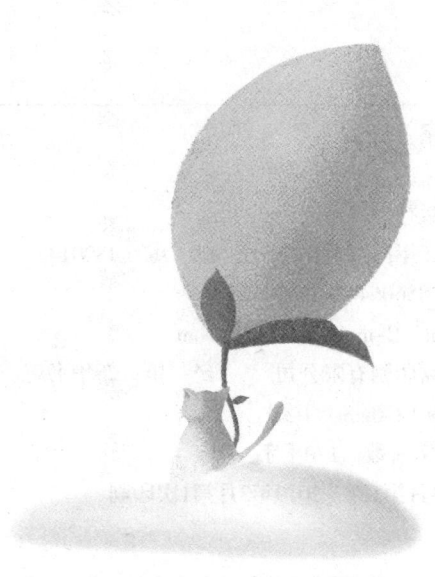

武汉出版社

（鄂）新登字08号

图书在版编目（CIP）数据

你要永远"高傲"，别被世俗叨扰 / 一只兔尾著. -- 武汉：武汉出版社，2019.3
ISBN 978-7-5582-2742-4

Ⅰ.①你… Ⅱ.①— Ⅲ.①成功心理－通俗读物 Ⅳ.①B848.4-49

中国版本图书馆CIP数据核字（2019）第037273号

著　　者：	一只兔尾
责任编辑：	雷方家
出　　版：	武汉出版社
社　　址：	武汉市江岸区兴业路136号　邮　编：430014
电　　话：	（027）85606403　85600625
	http://www.whcbs.com　E-mail:zbs@whcbs.com
印　　刷：	河北华商印刷有限公司　经　销：新华书店
开　　本：	880mm×1230mm　1/32
印　　张：	8.5　字　数：170千字
版　　次：	2019年3月第1版　2019年3月第1次印刷
定　　价：	42.00元

版权所有·翻印必究
如有质量问题，由承印厂负责调换。

自序 | 人生苦短，总有一些瞬间你要为自己而活

1

刚开始写作的时候，我感觉异常艰难，常常是一篇文章刚热乎乎地出炉，很快就失去了温度。不是因为我对自己写的文章感到不满意，而是无人问津的尴尬与窘迫会让我心里打鼓，于是我会怀疑自己正在做的这件事情是否正确。可我依旧选择了坚持，因为写作是我无限热爱着并且不愿计较回报的唯一一件事，写作让我不受世俗眼光的考量，也让我暂时超脱世俗，而不必与一些经济数据扯上关系。

记得在我写作初期，家人、朋友总是助力于我，在朋友圈分享我的文章，在大大小小的群里冒着被踢出去的风险转发我的文章，可势单力薄，终究是收效甚微，而且也并不是每个人都愿意义务地支持我，也有不少人揶揄我："写作能赚几个钱啊？写作不赚钱，干吗要写啊？"

我自然能够理解他们对我的质疑，因为在这个世界上，金钱早已成为衡

量一切的标准，任何不能带来经济效益的东西，人们总是不太稀罕。

近些年来，写作变现变成了一种潮流，许多人都趋之若鹜，同时也不难发现，许多影响力巨大的作品，其实是由一个团队，甚至是整个公司运作完成的。看看网络上那些如法炮制的套路文、千篇一律的营销文，等等，很多人将写作视为一种产业的同时，也将写文章与赚钱画上等号。

我当然无法苛责这种行为，毕竟每个人的想法不同，走的路也不一样，可我也没办法做到将一篇文章精细地切割成标准的几个部分，分发给不同部门，按照标准工序对其一一进行加工。

怎样取标题更能吸引眼球？写什么内容能大爆特爆？用"产业思维"来经营写作的确足够高效，但这样写出来的文字实在是没有多少温度。

2

于我而言，写作是思想的输出，而不是系统化的生产。我始终坚信，每个写作者都理应对文字怀有一颗敬畏之心。我常常深夜独自一人坐在桌前，点一盏灯，敲击键盘的声音萦绕于耳。我是会为了一个字、一个词而煎熬许久的人，但我从未觉得这是一件苦差。纵然世俗不解，我却甘之如饴。

在现实世界中，生活显得异常逼仄。它残酷、凶猛，会让你不自觉地把心里那些热切与幻想藏起来，告诉自己要做现实里的普通人，要学会给世俗低头。

可生活又是极其公平的，它给你带来痛苦的同时，却仍然留给你选择的权利，而那些总是慨叹事与愿违的人，无数次地放弃了这项权利。

总是慨叹的你不敢抬起头，感受心间吹来的风；不敢什么都不顾，淋一场久不相见的雨；不敢迈出脚下那一步，去看看外面世界的不同。因为活在世俗中的你，固执地以为吹风会冷、淋雨会感冒、走出去就没饭吃了。

那些让人感到心中温暖而柔软的故事，你不敢读，却总在执念于现实留给你的那本破书。可悲切的是，当你剪掉羽毛，收起翅膀，再也不能飞起来的时候才会明白，那个明明不愿意向世俗低头的你，早已活成了世俗里的一员。你不是不好，你只是太在意别人的眼光。

3

我常常庆幸当初的自己选择坚持，不受世俗左右。回看过往岁月，那些说好要一起写到满头白发的同行之人，早早地不见踪影，唯有我顶着不被理解的世俗眼光，孤傲地坚持着自己的写作，这条路是孤单的，却也十分难忘。

我当然也曾想过放弃，觉得人应该回归现实，找一份安稳的工作，过平凡的一生，我却没办法舍弃自己骨子里的傲然。我喜欢那个咬文嚼字的自己，更喜欢那个咬牙坚持的自己。

我就是我，也许对你来说，我平凡普通，可只有我自己才知道，不愿放下高傲的那个我，到底有何不同。

命运不止一次地告诉我：别问结果，做你想做的，该来的总会来。我信了，照做了，所以幸运地有了此刻你手里的这本《你要永远"高傲"，别被世俗叨扰》。这如同一个梦，是不曾想象过又极度渴望的梦。每个写作者都幻想有一天能把自己的文字变成铅字，我也从来没有想过有一天我会捧读自己所写的书。

　　这种不真实的感受，如同小时候老师问我将来要做什么，我傻乎乎却十分坚定地说"我将来要当作家"一样，是不自知的、鲁莽的，却又是十分渴望的。高傲不是趾高气扬、剑拔弩张，相反它是温和的个性化，是坚持的高纯度，是抛开世俗，敢于与现实斗争的一种人生态度。

　　那沉闷的当下及世间的纷扰，每时每刻都要将你逼退到一座名叫"现实"的孤岛上，给你戴上镣铐，告诫你要藏好羽毛，可是，生而为人，我们何必事事乖顺？行你所行、思你所思，人生苦短，总有一些瞬间，你要为自己而活。

　　繁芜又孤寂的岁月、漫长而聒噪的一生，你要永远"高傲"，别被世俗叨扰。

一只兔尾
2018.10.10

CONTENTS / 目录

Chapter 1　你要永远"高傲"，
　　　　　别被世俗叨扰

　　认准自己的梦想，坚持不懈地往前走。即便冷眼与嘲笑迎面而来，也要用最积极的样子，抬起头，向着光亮，勇敢出发！请记住：你要永远"高傲"，别被世俗叨扰。

002　哪有人天生优秀，都是后天被逼出来的与众不同

006　是梦想让你的生活别具一格

011　很庆幸你还有机会做个美梦

016　你有怎样的态度，便有怎样的高度

021　青春的好声音，别全部说给手机听

026　朋友圈里那些假装生活的人

030　不想起床，是你最大的迷茫

035　没有不散的筵席，总有人要先离开

039　爱情这件小事

Chapter 2　不怕千万人阻挡，
　　　　　只怕自己投降

　　　　逆风的方向，更适合飞翔。别对自己妥协，别对自己说谎，即便和世界不一样，即便有千万人阻挡，你也要有自己的倔强。眼中有路，心中有光，为梦想奋进吧！

044　纵有千军万马阻拦，也要朝心中的目标行进

049　你的礼貌，藏着你的修养

053　现在的懒惰，以后都会长成你身上的肥肉

058　谁的青春不迷茫

062　努力是什么感觉，我早就忘了

066　你这么年轻，为何活得这么老气

070　我得了一种怕跟人接触的病

074　那些说认真就输了的人，最后真的输了

078　妈妈，对不起，我再也不逼你穿高跟鞋了

082　余生很长，请多指教

Chapter 3　与其努力合群，不如活出自己喜欢的样子

不讨好世界，也不参照别人的足迹，人生永远都只是自己的。在随波逐流的世界里，愿你披荆斩棘，无畏前行，活出自己喜欢的样子。

088　生活是该全力以赴，但也要偶尔驻足

092　不喜欢的路，不要勉强自己走

097　我终于有资格谈谈减肥这件事

101　哪一刻你觉得自己很穷

106　你害不害怕到中年还一事无成的尴尬

110　我这人说话直，你别介意啊

113　我有三千好友，却无一人可求

117　成为爸妈之前，你要先长大

122　她说："我愿意。"

Chapter 4　生活不总是尽如人意，
学会与这个世界和解

> 想要活出自我的人，不甘于平凡，也不会平凡。尽管生活不总是尽如人意，但是你的隐忍与犹豫，不是为了放弃什么，而是另一种不忘初心的坚守。

128　世事嘈杂，做自己就好

132　所有的不平凡，起初都很平凡

136　不够努力，一切都是痴人说梦

141　真正的威严应该是谦卑有礼，尊重别人

145　世界只会拯救那些愿意自救的人

150　服务意识是个好东西，你该拥有

154　健康的你，早已是百万富翁

160　房子是租的，但生活不是

163　妈，你不要悄悄来帮我打扫卫生了

169　食这人间烟火，情爱落地幸福

Chapter 5　所有的努力，
都是为了刚刚好遇见你

很多事情都是水到渠成的，急不得，躁不得。生活不会完美无缺，唯一可以抱怨的，是不够努力的自己。请把努力当成一种习惯，你一定会与美好的未来甜蜜相遇。

174　真正的成长，是在不动声色中变得强大

178　就算你一无所有，也务必要折腾到底

182　那些披金戴银的人，秀色可餐却实在无聊

187　无须着急，生活该有自己的节奏

191　没有谁应该忍受你的不礼貌

197　你是不是以为自由就是可以不工作？

202　父母在，不远游

207　世上最幸福的事，是有家可回

210　愿茫茫人海，与你相遇

Chapter 6 人生很短，
愿你我都能活得自由与从容

不要复制别人的人生，余生那么贵，应当永远保持自己的理想与格调。只有这样，我们才能在未来爆发出真正强大而独有的光芒；只有这样，我们才能在这凡尘俗世里，活得自由、走得从容。

216　永远做一个自由的写作者

221　人生很短，不做爆款

225　认识，永远不要从外表开始

230　到底要多稳定，你才觉得有安全感啊

233　人生没有白走的路，每一步都算数

237　千金难买我喜欢

241　总是阴错阳差，我们变成自己最不喜欢的样子

245　我手臂上有疤，但我不是怪物

251　给你幸福的人，值得陪你一起幸福

255　愿你我都能在这凡尘俗世里，活得自由、走得从容

Chapter 1
你要永远"高傲",别被世俗叨扰

认准自己的梦想,坚持不懈地往前走。即便冷眼与嘲笑迎面而来,也要用最积极的样子,抬起头,向着光亮,勇敢出发!请记住:你要永远"高傲",别被世俗叨扰。

哪有人天生优秀,都是后天被逼出来的与众不同

1

长久以来,我们从多方面积累经验,从而对成长有进一步的认知,把生活过得更加稳定。有时候恨不得把自己变作一尊佛,动也不动,只接受别人的朝贡。其实这样的生活方式并没有什么问题,甚至比很多日晒雨淋的劳碌的生活方式,显得更轻松更高级。但是我逐渐察觉,有这样慵懒不作为的态度的人,无外乎温水里的青蛙,正一点点地被吞噬掉。

于是我们发现自己变得比以前笨重,再也看不清楚远方,抬头永远只看见一块硕大的天花板,盖住我们视线所及的蓝天的最后一角。我们戴着镣铐跳舞,根本不会想到天花板上面藏着什么。

2

我特别佩服那种想干啥就干啥,然后又能成功的人,他们身上有一种旁人难以企及的光芒,既让人崇拜,又让人充满斗志。

朋友小唐就是这样浑身散发光芒的人。小唐在职业中学做老师,上周末,她来我们的城市,我们开着车接她去吃烤鱼,老远就看到她站在街对面朝我们笑,永远都是一副爽朗的样子。

酒足饭饱后,我们在附近的大学里散步打发时间,看着校园里面抱着书、匆忙走过的年轻面孔,我们不禁感叹,自在的校园时光,幸福得如同空气里都充满了甜味。我们开始抱怨起生活的平淡,日复一日枯燥的工作等。唐老师突然转过脸对着我们,抿着嘴笑着说:"头顶是一块天花板,也可能是一片蓝天。"

当时这句话对我的触动特别大,因为面前这个积极向上的人,过去几个月经历了家人生病、班里学生被开除等一系列问题,我不知道她为何还能有如此强大的内心克服这些。她说她当然偷偷抹过眼泪,可是路是自己的,终究要自己一个人走。

"每个人都会遇到各种艰难的时刻,难道就因此而懈怠,苟且地置之不理吗?"她坚决地向我们摇头,决然地说出每一个字,发人深省。

3

就在这样比较艰难的生活状态下，唐老师又报名参加难考的专业证书考试和研究生考试。她说反正睡不着，那就干脆看书看到凌晨三点，她不想妥协，不想被生活压倒而就此趴在地上。

我问她为何这样拼，她说不这样逼自己一把，永远不知道自己可以走多远。说起自己要复习的研究生课程，有十多本书需要啃，唐老师露出苦涩的表情，然后露出熟悉的笃定笑容。我们知道，她想做的事情，就一定可以成功。

哪有人生来就这么优秀，都是后天被逼出来的与众不同。有些人并不需要名牌服饰来装点自己，让自己看上去很贵，他们自身散发的独特气质，仿佛就是那价签一样，显示着他们和别人不一样的贵气。

生活就像一块生肉，你是直接吞下去还是想把它做成美味再吃掉，全在你的考虑和厨艺。我们的头顶罩着一块布，我们选择性地遮住那些与安逸相悖的事物，以漠视的态度审视内心，自己把路封得死死的。

大概奋进的积极人士总喜欢说的一句话是"为何不试试呢？"是啊，为何不跳出舒适圈，给自己一个看见蓝天全貌的可能呢？

4

就拿我写作来说，真是一件难以坚持的事情。前几个月我甚至想，干脆放弃，不写了，但是又总有读者发来消息问我，怎么多日不更文。那一刻我突然觉得像背负了债的赌徒，好像欠别人什么。我知道不是欠别人什么，而是欠自己一个交代。

我放不下内心的无限热爱，于是又敲敲打打，开始写字。有个读者在后台留言说："兔尾，你知道吗，我看了你的文章很是喜欢，如果你以后不写了，我该上哪里找你，请你一定要一直写下去。"我笑着回了两个字："一定！"

不想人生过得平淡无味，那就趁年轻多去外面的世界看看，多读两本好书，多尝一些没尝过的味道，多逼自己一把。

稳定作为一种高级的状态，这本身没什么不对的，并不是每天枪林弹雨的、随时紧绷神经过日子就是好事。稳定的生活挺好的，安于稳定的心态却有些可怕，它逐渐消磨掉你仅剩的"不安分"，到最后别说天花板了，就是那个困住你的井底，恐怕也无法跳出。揭开看看吧，蓝天就藏在天花板的上面，这个秘密我已经告诉你了，你要做的就是伸出双手。

是梦想让你的生活别具一格

1

你会不会害怕此生心中无梦想，苟活到老，平庸地接受死亡？不知你是否时常会有这样的感受：不明白在忙什么，好像每一天都过得不痛不痒，照常吃饭睡觉，心里渐无亮光。那些现实里的太阳，早就被你亲手拉上的窗帘阻隔在了外面。

有时候特想扇自己两下，就像好笑的表情包里说的那样："日常检查自己是否还活着。"把手放在心口，却发现早已被安逸生活养厚的肥肉挡住了最真实的跳动。

梦想，这个听上去让人有些悸动的词语，正被我们当作食物吃掉。走在路上、躺在沙发上、睡在床上，我们不断成长变老，我们也不断作别梦想。而那些心中有光的人，他们不想平庸到老、安静等待死亡，所以他们还愿站立，还在挣扎。

2

我认识的一位学长非常优秀。他是名牌大学的研究生，英语说得特别溜，一表人才，一毕业就进入体制内工作长达八年之久。然而上个月，我听说他辞职了。他很少发朋友圈，却在离开单位的那一晚，发了篇长长的文章。我仔细阅读，记得最后一句话是这样写的："如果没有梦想，和咸鱼有什么分别。"

我对此感慨万分。记得他曾说他很羡慕自己的同学们，做着一份看似不那么稳定的工作，却每天都在挑战与享受生活。当初的他其实想过要过这样的生活，而他也确实有去国外工作的机会。可当他把这件事告诉父母时，他们却视若无睹，找关系坚决把他安排进当地的财政部门。

起初他百般不愿，想过出逃，更想过独自去远方，可一想到父母殷切的目光，他只好说服自己：这份工作其实也挺好，稳稳当当。从此，他收起心里的小梦想，一干就是八年。每天有通知等他改，隔三岔五有会要开。他学的是电子计算机专业，做得最多的却是帮人装系统。他早想过离开，可始终没有离开。日复一日，年复一年。

那些他不甘愿、不喜欢的工作，如今也做得很是顺手。当初沾酒就上脸、缄默不言的他，如今在觥筹交错间，也能侃侃而谈。他深知这些并非自己所愿，只是那些常被他称之为梦想的事情，如今看来早已面目全非。

当得知他辞职的消息时，不少人为他惋惜。好不容易坐上的位子，他却弃如敝屣。父母百般劝阻，亲朋们苦口婆心，他却毅然选择挖开心里坚硬的土地，重新唤醒心中对梦想的追求。其实，我挺替他开心的。人活一辈子，若心中无梦，空有一身好皮囊，徒有一箱好宝藏，又有何意义呢？

3

我很喜欢的一首歌《活着》："慌慌张张匆匆忙忙，为何生活总是这样，难道说我的理想，就是这样度过一生的时光。其实我也常对自己说，人要学会知足常乐，可万事都一笑而过，还有什么意思呢。"

很多人误以为人生苦短，挣钱要紧。可是真正埋着头扎进钱堆里，放弃诗和远方，恐怕人到暮年时，又会后悔年少不曾追过梦。人不一定是要绞尽脑汁想着如何实现物质自由，应该遵从内心，追逐梦想，这样更能体会人生的非凡意义。

朋友包子是我眼里敢于追求内心所愿所想的人，虽然他开垮了一家公司，但是从他的眼神里，我却从未发现过一丝一毫的退缩。他总是没心没肺地大笑。一起吃饭时，他大杯喝着酒，打着饱嗝，向我描绘着他无限期许的未来光景。他失败多次，却始终在尝试着。

"我是有梦想的。"他常这样形容自己。虽然他做过程序员，卖过窗帘，开过土特产电子公司，但是激起的浪花都不大，可尽管如此，梦想仍旧激起了涟漪。

我很欣赏包子对未来的态度，即使失败数次，也能站起来继续做梦。如今他又开了一家公司，我打趣地问他啥时候垮，他飞来一个白眼，说他永远不怕失败。梦想好像是一种神奇的原动力，当你深陷迷途，当你对生活食不知味，又或者你已人老珠黄，暮年老矣，只要有梦想，就还有行动的力量。

4

"为梦想而活"，这几个字听上去就像是捏橡皮泥一样轻而易举，可我们中的大多数人因为生活所迫，因为现实之压，因为各种能说出或说不出的生活状态，而早已不敢正视梦想。

难道生活苦，钱不多，长得矮丑胖矬，我们就没有做梦的权利吗？

当然不是。那装在心中的梦想，恰如当初我们满怀期待埋下的种子，不管外界是雨是晴，最重要的是，这颗种子是否有冲破土壤的决心和韧性。就像我这个十八线的小作者，别人想看的东西我不想写，我想写的又没人看，但是从未改变过我心里关于写作的那点初衷，那是我为梦想所描绘的微小蓝图。

我们可能买不起所谓的大房子，却因为心中所想，而愿意学习如何为自己建造一座城池。任何梦想都不应该被嘲笑。你最需要提防的是某一天你昏昏欲睡，再也不愿醒来。毕竟，叫醒你的不应该是闹钟，而是梦想。

很庆幸你还有机会做个美梦

1

20岁时,我读了刘同写的《谁的青春不迷茫》这本书,看完的第一感受就是,迷茫个屁啊!青春不就是造作,不就是全方位体察生活吗?也难怪,成长于殷切期盼中的我们,手里总是拿着一幅被大人设定好的蓝图:好好吃饭,乖乖念书,等长大就自由了。字斟句酌,这是长辈们曾告诉我们的话。

终于,当我们进入大学,踏足社会,终于等到了人生解放,可以自己做主。第一次,当我们真正掌握人生的时候,内心窃喜十足,就想带着一身孤胆,闯荡世界。

可是,历来栖息于安逸世界里的你我,当生命突然变成一条没有边际的长河时,我们又极其容易在这条河里找不到方向,被呛得难受。那些早早学会游泳的人啊,双脚一蹬,跑得老远。而大多数没有技能、习惯了安逸的同学,却很快迷失于此:睡醒就吃,吃了又睡,青春初盛的狂欢里,很多人注定是迷茫的。

2

日子越久,人越发老练。如同那句话所讲:"18岁时不会游泳,到28岁时,喜欢的人请你去游泳,你只好说我不会。"不是从前的你不愿学,而是你想不到多年后的一天,它会派上用场。我很钦佩那些一开始就知道自己想要什么的人。

不是他们目的性强,而是他们提早做了选择,规避了青春无休止的迷茫。那这样一定是好的吗?我想未必。能够顺遂地推着自己远行的人值得佩服,但是他们同时也失去了一段迷路的经历。而那些深陷沼泽的人,当他们洗干净身子,或许可以骄傲地说:"我可是战胜过淤泥的人呢!"

人生要经过好多道门,金石玉器打造也好、烂泥陋瓦堆砌也罢。它有它的无尽孤傲,你不必动摇。此刻的迷茫,或许日后会助你走向辉煌。只是细水长流,你要摸着石头,稳稳过河。

3

迷茫的人生时刻,总是伴随诸多遗憾。30岁的你和18岁的你思想千差万别。现在你会觉得自己以前怎么那么蠢,把自己搞成头发蓬松的杀马特,丑得想吐。可是把时间往回拨,恐怕你依旧会做出同样的选择。

就像错题集,很神奇。第一次做题的时候错了,细心修改,抄在错题集上,希望下次别再犯错。可是,下次再做题时,错的居然还是那些错题集上的题。

18岁历经的迷茫、走过的弯路,30岁的你怎么也无法理解;而30岁的怅惘和遗憾,明摆在18岁的你面前,你也依旧不会正眼相看。成年以前的人生其实特别片面,我们仿佛只有一个目的:就是读书,拼命读书。不管是父母的敦促,还是周遭无形的驱使,我们皆是铆足劲地奔跑。最后,我们这些曾经手挽手一起走的人,被一道道分界线隔离开来。

你独享你的孤独时,他在太阳下兀自竞走;你迷失不前时,他在向众人细说自我。终究是各有各的人生,各有各的状态。或成就,或失意,或自命不凡,或妄自菲薄。年轻的你富有多种颜色,总有一种颜色是留给孤独的。

和朋友一起吃饭,他游离的眼神里写满迷茫。他说他不知方向在何处,不知自己想做什么,只是觉得自己每天如同行尸走肉一样,在虚度生命。"什么都想做,却什么都做不好。什么都想尝试,又什么都不愿尝试。"他的迷茫与矛盾，我们何尝没有。

二十几岁的人要跳出迷惘，应该找准自己的发力点。想要赚钱，就努力赚更多的钱；想要去玩，就迈开步伐，世界各地去玩。人生只有一次，哪有那么多种生活方式会同时供你选择。你要问清楚自己喜欢什么，甘心为何，或许这才是漫漫长路应该踏出的第一步。

4

26岁时再看这本《谁的青春不迷茫》，我总算有些理解了。

"在大同的世界里，做小而不同的自己。"迷茫的时候太多了，迷茫的人也太多了，这世上99%的年轻人都迷茫。你时常感叹，要是自己再年轻几岁，一定不会怎样怎样，一定会怎样怎样。可是，就算把你放回那个时间节点，恐怕你依旧不知道自己要干什么，因为未来是未知的，你也是迷茫而莽撞的。

听到过很多次或来自朋友，或来自读者的倾诉，大多关于当下的迷茫。既然要经历人生十有八九的不如意，既然对未来的殷切希望总是会扑空，那何不坦然接受这份失落？我们不该总想着怎样克服迷茫，逃避孤独，而应该试着与它做朋友。

很多人都喜欢到处诉说自己当下的消极状态，这或许是一种倾泻，但说得多了，难免变成自己的一种习惯。繁芜世界中，迷茫的人数以千计，可为什么有人就是有能力爬起来，而有人就会一蹶不振、就此溃败呢？

顺遂的日子，你可以做任何人，而迷惘的日子，你得专心做你自己。找一件自己喜欢做的事，问问自己内心的想法。不要跟风跳进别人的沼泽，也不要贪婪得两手戴满戒指。

想你所想，行你所行。觉得要迷路的时候，就出去走走。修整好了，玩够了，再回来好好做梦。

你有怎样的态度，便有怎样的高度

1

中午路过一家加油站，正好油箱显示快没油了，我就开着车进去排队。工作人员熟练地向我打手势，示意我往空位上开。我把车停好，准备开门下车，一位中年模样的工作人员便抢先拉开车门，热情地道："先生您好，请下车。"

我很诧异。咋的，态度怎么这么好呀？我去付款的时候，收银员同样面带微笑，热情且专业地询问："请问您是用哪种支付方式呢？需要开发票吗？"我心情愉快地付了款，准备驱车而去。没想到，此前安排我停车的那个工作人员早就拉开车门等我入座了。我有点不好意思，连忙说："没事没事,阿姨不用这么客气。"

　　这位脸上有零星雀斑的质朴的工作人员,却用十足专业的态度,满脸笑容地对我说:"已为您擦干净前车玻璃,祝您一路平安,欢迎再次光临。"说实话,本来中午的炎热天气让我有些烦躁,况且加油总是要排队等候,更是让我心里有股抵触感。可我万般没想到,加了一次油,心里却高兴得很,像吃了糖一样。

　　以往我都是选择在家门口另一个牌子的加油站加油,那儿的工作人员根本没有中午遇到的那些工作人员服务热情、专业。他们一个个愁眉苦脸,脸上仿佛都写着"不加满油箱,别想开出去",态度可谓天差地别。

2

　　想起那时候刚兴起微信支付,我去加油,身上恰好没带现金,于是我问工作人员:"支持微信付款吗?"工作人员都不带正眼瞧我:"不行!"态度决绝,仿佛容不得一丝商量。我问他:"为什么不可以,不是贴了支持微信支付的牌子吗?"没想到那人态度更加恶劣:"不可以就是不可以,只收现金,没现金就别加。"我气不打一处来。

　　同样的职业,同样是服务,为什么态度差别这么大?一个如春风吹进心里,一个却犹如暴雨浇灭你所有的好心情。至此,我肯定再也不会去那家态度蛮横的加油站了，转而选择服务周到、态度诚恳的这一家。一次服务就看出一个企业的文化与态度，真是这样。

很多时候，其实不是多么高深的学识，也不是多么深厚的背景才造就一个人、一个公司的辉煌，而恰恰是态度才让他们屹立不倒。

美国作家罗曼的一本书叫《态度决定一切》，相信是很多人成长的必读本，可是能理解其中含义的又有几人呢？工作生活中，智商不是第一要素，情商却成为相处的第一法则，而态度恰好是情商里一个极其重要的因素。

3

同事张小美人如其名，长得好看，就是工作态度实在无法让人恭维。领导让她写一份报告，她拖了又拖，到最后直接从网上复制一份交上去，连公司名称都没改，气得她的部门领导三番五次找她谈话，可她就是我行我素，依旧不改。

每个月和她对账，那叫一个苦啊。"25.88"她硬是倒着写成"88.52"；她用带播音功能的计算机算简单的整数加减，也能错误不断；她办公桌上永远有一大堆没有整理的票据、发票，抽屉里总是放着发霉的蛋糕卷……

其实不是她人品有问题，而是她态度不端正。按理说，她已经进公司六年了，怎么着也得混个一官半职，再不济，工资也得涨个千八百块吧。可她就是原地打转，一直拿着跑不过通货膨胀的工资。每次领导想要给她调整待遇，但一想到她懈怠、不认真的工作态度，便只好作罢。

吉夫科文说："格局决定结局，态度决定高度。"这句话放在她身上简直再合适不过。眼看着新进员工的职位和工资噌噌往上涨，小美也觉得心里不平衡，一边抱怨命运不公，一边又一如既往地消极怠工，工作差错一大堆。我真想告诉她：态度不够，一切都是痴人说梦！

你总觉得世界就是你眼里看到的世界，却未曾明白，你的高度其实藏在你的态度里。因为这世上，没有人可以桀骜不驯、张狂地生活一辈子，你要学会怀揣一颗谦卑之心，态度诚恳地去接受未知的挑战。一个人的命好不好，看看他的态度就知道。

4

上大学的时候，很多老师都会讲这样一则故事：

三个工人在砌一面墙，有一个好管闲事的人过来问："你们在干什么？"

第一个工人爱搭不理地说："没看见吗？我在砌墙。"

第二个工人抬头看了一眼好管闲事的人说："我们在盖一幢楼房。"

第三个工人真诚而又自信地说："我们在建一座城市。"

十年后，第一个人在另一个工地上砌墙，他还是一个砌墙工；第二个人坐在办公室中画图纸，他成了工程师；第三个人呢，成了一家房地产公司的总裁，是前两个人的老板。

故事里的三人起跑点一样，结局却截然不同。为何？当属"态度"二字。

我曾极其厌烦与数字相关的工作，觉得枯燥乏味。虽然我大学学的是这个专业，可就是心里抵触。别人让我做一张数据透视表，我被表格函数整得头晕目眩，没弄几下就怨声载道、撒手罢休。我一边埋怨一边告诉自己："你就是不喜欢、不会做。"可当我失败再三后，静下心来，才发现这些工作会看似困难，不过是因为自己心浮气躁、态度不好。

后来，我摒除杂念、静心研习，才发现从前在我看来难于上青天的工作任务，其实很容易解决。这些工作难题难的不是问题本身，而是你愿不愿意摒弃自己的偏见，真正让自己投入地去解开难题。

好比那个加油站的工作人员，她的态度足以看出她的人格高度。而我那个同事，她的态度也同样表现出她不思进取、停滞不前的状态。从来没有天生的赢家，而恰恰是那些抱有一颗谦虚之心的人，他们对待生活、对待工作、对待生命，都是态度诚恳，素养有加，而正是这一点，才让他们拥有令别人羡慕的人生高度。

青春的好声音,别全部说给手机听

1

你是否和我一样,闹钟一响,不是起床,而是揉揉眼睛,拿起手机,刷一刷昨晚熟睡时漏掉的朋友圈新动态;关了灯不愿闭眼,心里想着再玩五分钟,然后便一发不可收拾,直至深夜。坐地铁要刷手机,过马路、等红灯也要刷手机,一刻不刷手机就浑身难受。

这是病,是精神病。世界卫生组织说:"手机上瘾是一种精神障碍。"患上手机瘾的你我他,像是沾染了新世纪"毒品",想要戒掉,必须得经历刀山火海、掉几层皮,直到最后奄奄一息,才不得不和手机说拜拜。

在网上看到过一个有趣的问题:"你吃过手机的亏吗?"评论就像是大

型车祸现场,惨不忍睹。八成以上的人都因为玩手机而遭遇过倒霉的事情:"因为玩手机,我撞树三次,脑袋留了疤。""因为埋头打游戏,我掉进河里,第一时间不是爬上岸,而是捞手机。""因为沉迷手机里的肥皂剧,我误把乒乓球当成枙果吃进嘴里。"

不得不承认,如今的我们,不管走到哪里,都只顾一头扎进手机里。就连手搓麻将,最后都变成了手机麻将。喂,能不能尊重一下麻将啊⋯⋯

2

若时间倒回十年前,那个时候哪里知道什么苹果手机,只认识能砸开核桃的诺基亚。如果谁手里拿着个底部可旋转、屏幕可以用笔点的智能手机,都会引来围观和无数的羡慕赞叹。而那个时候大部分的手机只是用来打打电话、发发短信。

后来手机慢慢变得"聪明了",从"智能型"变成"智慧型"。于是,一些未曾听闻的新时代病症也随即出现。很多人玩游戏玩出腱鞘炎、看电视剧看成青光眼,甚至有些人因为看手机熬夜而熬出疾病,被抬进医院⋯⋯手机明明是人类发明的,现在我们却变成了手机的奴隶。我想,这是一道送命题。

什么最可怕?不是钱包没钱,是手机没电!手机电量还有90%就开启了低电量模式,电量还有50%时便开始恐慌;如果手机不小心从床上掉下,犹如一拳狠狠地打在了心脏上;不能在第一时间捕捉到朋友圈、微博的好友新动态,就觉得浑身难受……

如果有人从我们手里抢走手机,便立刻翻脸,不管对方是谁。与手机朝夕相处的我们,似乎早就把手机当成了身体的一部分。新闻里关于手机的报道早已屡见不鲜:"某某少年因为父母不让玩手机,从十多层的高楼上跳下;某某姑娘因为沉迷于手机,熬夜看电视剧到天亮,猝死家中……"手机若是毒药,那你便是在亲手喂食自己毒药。

3

为什么有人觉得小孩不好带,我觉得超好带啊。哭得撕心裂肺的三岁小孩们,你可千万别拿糖劝慰他们,因为不管用。最好使的方法是直接拿出手机给他们,他们立刻止住哭声,并且能还给你一整个安静的下午。

那些年,我们避之不及的小孩子的哭闹,终于有了解决的办法。不光是小孩子,就连年过半百的父母也拜倒在手机的魅力下。以前父母干活干累了会说:"唉,眼睛酸,睡一觉补补神。"现在父母说:"好累啊,玩玩手机解解压。"甚至在打麻将和打牌的间隙也会赶紧拿起手机刷一刷朋友圈。手机已经成为老少通吃的新世纪"毒品"。

前段时间，我的手机掉进厕所里了，里面的无数文件、上千张照片全部和我说再见了。我当场傻眼，感到痛心疾首，后悔没早点备份存档。那几日，我只能用回昔日的旧手机，2G的网络，让我不得不暂时告别了"智能时代"。

可说来也奇怪，那段时间感觉时间变多了，有时间看想看的书，还想要出门走走。那种没有累赘的轻松感，好久没有体会到了。诚然，要卸载微博、关闭朋友圈很难，而要放下手机，拥抱生活则更是难上加难。科技日渐发达，人情却愈渐淡薄。朋友、家人之间的嘘寒问暖甚至比不上一个红包来得感人。

4

都说鱼与熊掌无法兼得，手机确实拉近了我们与世界的距离，却也阻隔了我们彼此之间的情感传递。

多想再像以前那样，一群好友，没有手机，只是面对面围坐在一起聊生活聊梦想。如今，我们在手机里聊得火热，实际见面却一句话也说不出来。为什么会这样？或许是太专注于令人眼花缭乱的屏幕里的小世界，而忽略了眼前精彩的大千世界。那些所谓的聚会，还不是聚在一起各玩各的手机。

我多想只是单纯地约一场麻将，请应邀而来的朋友们放下手机，东南西北,各坐一方,打得面红耳赤也好,或者和牌了欢天喜地也罢,至少是面对面地进行交流,而不是在手机里如同机器人一样冰冷地收发红包。正如那句广告语:"美酒好喝,可别贪杯哟。"我也想说,手机好玩,也别沉迷其中难以自拔。嘿,别一直低头,小心走错厕所。

朋友圈里那些假装生活的人

1

微信没普及之前,我们都用QQ,那里几乎装满了过去很长一段时间里我们生活的点点滴滴。那时候心疼钱,不想充黄钻,我们就各处找插件装点空间,浓浓的非主流气息搭配着不明所以的背景音乐。不管是高兴的还是不高兴的事情,我们都要在空间里发条状态,好好发泄一番。常常会在留言区收到一长串的消息留言,而收到消息动态的第一时间,我们也会立刻点开查看。

侃大山、话家常,你我在QQ中相处得很融洽的。那个时候的交谈特别真诚,我们常常在聊天中不自觉地流露出自己的真情实感,对方也会特别真诚地听我们倾诉，并且在适当的时机给我们安慰，那个时候觉得有人懂真好。现在大家都转而用微信了，而以前那种和朋友聊天的畅快感觉再也找不到了。

随着科技进步，手机屏幕变大了，无奈人们之间的距离也在变大。从空间转战到朋友圈的人们都拘谨了不少，不愿再将自己真实的面貌展现出来了，除了偶尔被群发的请求帮忙点赞以领取奖品的消息打扰外，似乎也没有什么了，人和人之间更像是戴着口罩在交谈。

我们都学会了在朋友圈里伪装自己，晒出来的自己永远是美美的，生活状态也是美好和优越的，而现实情况又是什么样子的呢？也许只有自己知道。

从随意分享到刻意分享，从咔嚓一闪到精心摆拍，当我们原本的生活都加了滤镜，那注定往后的相遇，彼此都会是戴着面纱的。给朋友留言之前要三思，生怕哪句话说多了掉价，哪句话说少了无趣。罢了，还是点个赞就好了，既回应了好朋友又不至于犯错。"朋友圈"说到底也不像真正的朋友圈，倒像个大型秀场。

2

稍微观察一下就能发现一个有趣的现象，不同职业、不同阶层、不同性格的人在朋友圈里表现出来的状态是完全不一样的。领导的朋友圈通常比脸还干净,对着屏幕,手指头拨一次大概就能拨到底,有些领导干脆连朋友圈都没有。他们是不是都不爱发朋友圈呢?有一种可能是他们在发朋友圈时,屏蔽掉了那些不想看到的人。

常常听到这样一句话:阶层不同的人很难做朋友。抛开彼此权钱力量的悬殊,或许单是朋友圈的内容,也无法找到共同点,没办法在同一频道上交流。高管和老板谈的是商业模式和战略部署,小老百姓想的是哪里有折扣,大家都在自己的领域里,尽力表现得像自己那个圈子里的人。所以,你让一个小商贩谈谈烧烤摊的商业前景,他可能会吐你口水。

朋友圈更像是一个小社会,代表着不同圈子里不同人的不同生活。

3

朋友圈的"假"是假装给别人看的。很多人说要读书,才翻开第一页,拍照发朋友圈,就算自己已经读过书了。因为得到了点赞,目的也算是达到了。

很多人说要运动,办了卡,买了装备,去过一次,晒过朋友圈似乎就能瘦了。做一个俯卧撑,摆个样子发朋友圈,收获很多赞,实则下去的时候就没再起来。

是人都有虚荣心，这无可厚非，可是将自己的生活完全变成一种展示就大错特错了。有些人觉得朋友圈里自己的形象必须是完美的，并且无懈可击的。可人始终没办法做到表里如一，行事也更不可能做到天衣无缝。那个成天琢磨着如何让别人点赞、获得别人认可的人，或许永远也不会得到满足，只会越来越疲惫。

留言要写几个字，点赞要隔多久，需不需要回复，这些不该成为你思考的重心。因为即使朋友再多，圈子再大，自己过得好不好，睡不睡得着，只有自己才知道。

不想起床,是你最大的迷茫

1

我有一个朋友,日常生活作息大致如下:

早上睡到自然醒,基本已是10点钟。睁开眼睛,先摸出枕下的手机,看看朋友圈,刷刷微博看更新,再把没清理的垃圾短信一键删除。

完成这一套常规操作后,时间已过半小时,人也差不多清醒。起来撒泡尿,照下镜子,深呼吸一口气,感叹一句"哇,好冷",又赶紧跳进被窝里,裹紧被子。

追的剧刚好更新,外卖在来的路上。一集看完,刚好饭点。不上班的自由时光,对他来说是一种惬意,也是一种无形的消耗。

而下午和晚上简直就是上午的复刻版——躺着、刷剧、玩游戏、呼呼大睡。重复的生活，让他心里也渐无波折。用他自己的话说："我连垃圾都想让快递员帮我扔……"

他已经待业半年，这期间，他不止一次向我倾诉眼下的迷茫。他觉得生活无望，觉得人生走过三分之一，剩下的几乎全是惆怅。他说现在就算是下床，都要鼓起很大的勇气。

无业者尚且如此，那上班族又是何种模样呢？我特意采访了三位上班几年的老职工，发现他们的工作和生活似乎同样"不太光彩"。

A说："我上班的时候边做事边玩，有一次为了抢免单，邀请朋友助力，结果发到了老板的微信里。妈呀，赶紧撤回，吓得我心脏怦怦跳……"

B说："九点打卡，我每次都是八点五十九分才按下指纹。路上狂奔，早饭也顺带解决，就是为了能多睡几分钟，弥补前一晚熬夜造成的睡眠不足。一天到晚，整个人昏昏沉沉的。"

C说："如果不上班，我一定不会出门，几乎都待在床上，反正现在送餐上门，多方便。只是好好的周末一下就过完了，什么正经事都没做。"

我们似乎陷入一种被动而不断内耗自己的恶性循环，嘴上说着珍惜，却又在浪费大把生命；心里想着要努力，可迈出第一步都需要莫大勇气。

上班族也好，自由工作者甚至无业者也罢，现在的成年人大多很迷惘，且在毫无意义地消耗自己的人生。从卧室到门口的距离，若无必要，很多人或许可以走上一天。

而不愿起床,也不仅仅是脚不着地,身不离床。相反,它是颓靡模样的概括,是阳光甚好,却不愿开窗的踟蹰,也是一种持续低迷,又无法改变的生活状态。

2

曾经的我,以上现象几乎条条中招,刀刀要命。

记得那时候我迷上了一款网游,每天睁开眼的第一件事,就是把当日的游戏任务领了,继而是全天候,屁股也不挪一下地坐在电脑桌前。

就连我妈问她买的衣服好不好看,我都只会对着屏幕,敷衍地说"好看好看"。她催促我吃饭,我极不耐烦,经常催得紧了,我才会坐上餐桌,三下五除二地吃完,如饕餮一般,根本不会细品眼前的饭菜有多美味。

在学校里,能翘的课全都过滤,一股脑待在寝室玩游戏;放假在家,足不出户,每天寸步不离地守着游戏里的那个"我",把真实而美好的时光一一隔绝。

晚上睡得晚,白天起不早。那两年,90%的大好时光,被我潦草地画上句号。

后来,因为爱好写作,我偶然重新拾笔,开了公号,设了微博,找到从前文字能给予我的快乐，回首告别那个沉迷于不真实世界里的自己。

我不断结交了很多优秀的人，收获了上万名读者的关注。我变得比以前自律和清醒，而不再是那个沉迷游戏、充耳不闻的年轻人。

该起床时别拖，该睡觉时好梦，该发现生活时，记得擦亮眼睛。

我把更多的时间用来读书和写作，去认识世界，去拓宽视野。那个只会呼呼大睡，只会熬夜打游戏，只会瞎吃垃圾食品的我，渐渐从我的生活里不见踪影。

一个人只有跳下床，拉开窗，走出门，不止于枯燥乏味的当下，才能有无比精彩和值得感叹的人生。

3

有句话说："太阳尚远，但必有太阳。"

不愿起床是因为依然迷茫，因为一旦不知起床为何，开窗何故，那人生就失了风向，过得一团乱麻，从而不想解，也解不开。

而比起与生活软磨硬泡，问清内心所属，找到路在何处，其实是打开迷茫大门的一把钥匙。

倒不是要你学孙敬、苏秦，头悬梁，锥刺股，那太惨痛；也不是要你学韩愈，焚膏继晷，看书看到油尽灯枯。

改变迷茫现状，跳出低效圈子的捷径是扪心自问。问自己下了床，走出门，能做什么和想做什么。

朋友小唐，从她立志要当老师的那一刻起，便毅然丢下了手里的宫廷剧。

看书看到半夜是标配，放假一刻不休息是常态，从春天到冬天，她日复一日，而我们也目睹了她成功的全过程。

都说最可怕的现象是，比你优秀的人还比你努力、比你好看、比你有钱，在方方面面碾压你。

可你并不知道，那些优秀的人，他们总是悄无声息，用行动说话。他们在天微亮时便出发，而不是赖在床上，焦虑如何才能不摔倒、不着凉。

当然，现实里从来没有一蹴而就的事，生活也不可能一瞬间就变好。浪费时光不是罪过，努力也从不值得炫耀。

任何一种看上去光彩的样子，背后都有你想象不到的大汗淋漓。别一再咬定"这没什么大不了，我不稀罕"，生活虽然残酷，但生命尚且公平。

改变不简单，变好也非朝夕之事。

而恰恰是不想出门、不敢见光、不愿下床，才是眼下你正经历着的最大的一种迷茫。

没有不散的筵席，总有人要先离开

1

几乎每个人都或多或少有一些难忘的朋友，不管是青涩的学生时代，勾肩搭背地走在操场上的人，还是人生旅途里，与你比肩而行、共同进退的人。可是我们好像总是无法阻止一些深藏在心里的珍贵情愫的流逝，因为这并不是我们能够决定的。

有一首歌这样唱：孤独万岁，谁保证一觉醒来有人陪？每一种关系，都会随着时间的流逝而发生改变。

每年的大学离别季，对于身处其中的人来说，都是某种意义上的分别。大部分经历过这段历程的人，心里都有着说不出的滋味。那个站在教室门口，抓着你的手，告诉你未来并不可怕，大家一同前行的人，最后却悄悄地松开了手。

几乎所有刚入学的大学生，都是极其不安的"孤独患者"。陌生的环境让人容易滋生孤独的情绪，所以总是手机不离身，时时刻刻与旧友保持高频率联系，互相分享同一种孤独。

然而，岁月又是极具冲洗能力的东西，它冲刷掉的不仅是你的胆怯孤独，更让你快速地交到好朋友，迅速让你释怀。并不是每段友谊都能天长地久，大部分友谊的诞生都和你当时所处的环境、发生的事情有关系。

所以和原来的好朋友分开的时间越长，能够一起交谈的话语就越少，最后竟说不出一些寒暄的话，这已经是注定要说再见的时候了。因为陪你走这一段路的人，他们要离开去另一条轨道，和另外的人会合，而你也终将接纳这些不可逆转的离别。

2

人为什么会怀念过去呢？我想是某个夜深人静的时候，又突然想起那些已经分道扬镳的人，当初与你一起嬉笑怒骂、畅谈人生的样子吧。很多人试着找回当初的感觉，鼓起勇气点开那个一直呈现灰色的头像，敲了几个字，删掉了，再写下几行字，最后索性关掉窗口。

这当然不是什么矫情的毛病，这就是人类最正常的情绪。失去的事物都难以找回来，更何况曾经形影不离的人呢？

有时候自己都不知道我们之间是怎么就突然疏离了。不过是一段时间没聊，不过是有些约没有赴。一段关系，就在我们疏于去经营的时候，变得既陌生又脆弱。

有一个问题：你有能在深夜随时叫起来倾诉你烦恼的人吗？

一段好的关系里，双方的相处模式都应该是舒服的，因为你知道这个陪你一起走的人，会一直陪你走很长的路。

我曾经有过与两个关系甚密的人最后形同陌路、不相往来的经历。其实这是再正常不过的现象了，只不过一方变得十分优秀，而另一方一直原地踏步。随着不断的诋毁与讽刺，这段曾经无话不谈的关系日渐变得缄默，最后背道而驰。很多人在这样的交往挫败里变得怀疑自己，觉得是自己的问题。其实对于离开这事，你真没必要自责。

3

工作了以后，同样也会有这样的事情发生。当有人决定离开一个公司去另一个公司，离职时，同事间相互寒暄，说着以后常联系的话。而再过几个月，办公室的另一位阿姨要光荣地退休了，大家仿佛陷入一股离别的痛楚里，纷纷唉声叹气。我感叹着说，这天下哪有不散的筵席呢。

  其实生老病死也是这么一回事，你无法改变生命的长度，这样既定的结局通常让我们变得畏惧生命。那些患了重疾，要早早离开人世的人，时常把离别说得那么沉重。可就算你悲痛万分，还不是要继续生活，总不至于一了百了吧。

  没有什么固执或不痛快的，这不过每个人必须要经历的。不要再痛心于曾经相谈甚欢的朋友的离去，也别再执迷于曾心心相印的爱情的结束，因为这些都是无法阻止的。你除了接受，也只能接受。

爱情这件小事

1

爱是盛大烟火里最明亮的一颗,是滚烫目光里的焦灼。它是简单又庞杂的东西,让你手足无措,却又甘之如饴。

"皎皎白驹,在彼空谷。生刍一束,其人如玉。"

爱让人欢喜雀跃,让人无法安定,像五脏六腑都浸渍在蜜罐里。同时,它也能让你郁结哭泣,如坠冰窟。美好的爱情会让你觉得酣畅十足、欢欣雀跃,更会让你们不断契合,坚守初心,砥砺前行。世间的爱有千百种,你总要寻觅一种。

2

  Mannie是一个笑起来很好看的姑娘。初见她的时候，隔得老远都仿佛能闻到她干净阳光的笑容散发出的香味，她笑起来睫毛弯成迷离的模样，让我好想和她说话。我每次佯装淡定都是以失败告终，然后颤抖着提起茶壶为她沏茶，紧张得好像心都要跳进杯子里一样。我时不时地假装望下隔壁桌，再移回眼神，又以迅雷之势偷偷地瞄一眼她，好怕待会儿紧张得什么都忘了。现在想想，我当时的样子真是让人忍俊不禁。

  "绸缪束薪，三星在天。今夕何夕，见此良人。"

  我们俩也没逃过庸俗的开场，相信很多人的爱情都是从一部电影开始的。我们相约看的第一部电影，演了什么全都不记得了，只觉得爆米花好吃，很甜很脆。

  我们只买了一桶爆米花，当我们同时去拿爆米花时，手碰到了一起，我的心开始极速跳动，赶忙笨拙地将手抽回，可是脸上已经像有火在燃烧了。我虽然脸一直对着屏幕，但是除了自己的心跳声，其他的什么也听不到了。

  后来，我们还一起去骑车。我记得非常清楚，那天阳光很赏脸，我穿了一件毛衣还套了一件加绒的不透风冲锋衣，汗流浃背地用力骑上坡。到达终点时我累得气喘吁吁，还硬憋住和她说："很容易嘛，我都感觉不到累。"当时的自己真是个傻小子。

3

　　爱情好像总是可以和旅行捆绑在一起，会生出许多难以忘怀的记忆，让你感叹，原来和爱的人一起看世界，是一件多么值得庆幸的事情。于是，第一次一起去旅行，我操碎了心，在网上做攻略、订机票、找酒店。爱情会让人变得疯狂、变得不知疲倦。

　　而她也会冒着雨去很远的超市买菜，给我做她拿手的藿香鲫鱼和土豆烧排骨。而我什么都不会，只能站在她面前看她做菜，想要帮忙，又总是笨拙得连菜都不会切，最后只好伫立在那儿，将她切菜时散落的头发别到耳后，继续默默地看着她做菜。

　　和喜欢的人所经历的一切，回忆起来，总是那么清晰。记忆里那些牵手走过的小路，仿佛都化作了无形的石板路，平铺进心里的那座城。

　　我记得自己在当时写过这样的一段话："庆幸在这冷清的新年里，我们还有时间坐在车里聊天、吃零食，一起回忆旅行的细节，像是牵着手又走过一遍。说得有些困乏时，你靠在我的肩上便睡着了，这期间我一动不敢动，就连呼吸声都刻意放轻，生怕惊扰你酣甜的美梦。后来你说，睡醒后见我还清醒地守在你身边，那真是一种幸福。"

　　幸福是什么？幸福大概就是两个人在一起，时光都变得慢些吧。

4

　　穷追不舍和死缠烂打不是什么爱情，它只会让人心生憎恶，是太过执迷也打扰别人的不良心态。我想人不能活得那么不潇洒，爱情也是，生命总是在注定的结局里兜转，顺其自然就好。

　　前段时间听到那英唱《有个爱你的人不容易》，觉得甚是好听。爱你的人总在原地等你，不会离你而去，而爱，它是让人疏解不快的良药，不是心生郁结的纷扰。万物最终都归于平静，留下美好和怅惘。

　　愿与君共度，携手前行。

Chapter 2
不怕千万人阻挡，
只怕自己投降

　　逆风的方向，更适合飞翔。别对自己妥协，别对自己说谎，即便和世界不一样，即便有千万人阻挡，你也要有自己的倔强。眼中有路，心中有光，为梦想奋进吧！

纵有千军万马阻拦,也要朝心中的目标行进

1

小时候,幻想自己长大后可以当一个作家,每天写写字,自由自在地过一生。当小伙伴们都抵触写作文、写周记这样费劲的"文字攻坚战"时,我倒觉得它有些"甜味"。记得高中学《滕王阁序》这篇古文,我第一次读就十分喜欢,眼前尽是一帧帧的画面,耳边仿佛有谁在真切地吟诵。明明才初读,却在浏览三五遍后便可一字不差背出来。

语文老师笑着夸赞,让我以后一定要坚持写作,别浪费了天赋。我连声应允,心里认定自己一定可以的,以后可得学个舞文弄墨的专业。当别人都沉浸于各种好笑的综艺节目,或是留恋于某些刺激肾上腺素飙升的电影、

剧集中,我却对比赛看谁诗词背得多、文字写得好等诸如此类的节目情有独钟。我暗下决心,以后要做文字工作,靠一支笔养活自己。

后来,我却学了财务会计专业。枯燥的数字让我全然忘记自己对文字的热爱,我十分浑噩地度过大学四年的时光,更是在毕业后随便找了一家公司,做了三年的会计。那时,我已很久没有拿起笔写字了。我时常在想,怎么年少时在头脑里如火花迸溅的词句,现在却一头雾水,什么好词佳句,半天都憋不出来了呢?

2

后来机缘巧合,接触了新媒体后,我又重拾写作。坚持写,坚持练,坚持总结。到后来,文章常常被一些大平台看中,渐渐地才又找到当初对文字的那种热切感。

此时,我沉闷的内心又突然蹦跶出那个说起来有些羞涩的梦想:当个作家。我想我可以辞去自己的财务工作,尽管已经做了三年,有不错的工作经验,但是成为作家的梦想对我来说,实在太过诱人。我在心里肯定地告诉自己,我再也不要浪费对文字的这份热爱了。

于是,我脑袋一热,辞职去了日本。我在日本尽兴地玩了好些天,回到家里好好睡了一觉,睁开眼睛,我想我应该开始写点什么了,可是,应该写点什么呢?

那段时间,我每天逼着自己写文章,然后到处投稿。也有幸被邀请至其他平台当签约作者,给一些公众号投稿,写过几篇被大家熟知的文章。

刚开始觉得特别充实,特别有成就感。后来突然觉得疲了,不仅是因为自己入不敷出的经济状况,更重要的是,我发现当写作成为一种谋生的工具时,你就会变得由不得自己。

我就这样累死累活,通过写作挣了一点钱财。突然有一天我打开电脑,发现自己这也不想写,那也写不出。我恐惧、懊恼、愤慨,啪的一声关了电脑,那一刻觉得心里好烦。我发现自己就像一个囊中羞涩的酸秀才,既想达到心中所想,又不得不向现实低头。

3

蔡康永说:"别把自己的爱好发展成自己的职业,这无疑是极其危险的。"我真想放弃,觉得自己够失败。我也真想说一句对不起,抱歉将文字变成我谋生的工具。

以前我总是打趣说:"我最大的梦想就是可以每天开着车,去山里写作。"总不免引来旁人一阵嘲笑:"我以为你的梦想是开着车去山里洗足……"

我越发觉得梦想遥不可及,远到让我想要放弃。我重新做回老本行,因为我要生存。我也暂停了写作,我想那是不切实际的一件事情,做了也无用。

我悄悄把自己心里有关文字的梦想埋藏起来,把那些别人都说不切实际的想法,统统撕得粉碎。难道人这一生,鲜花和面包只能选择一样?

有时候,人的一生充满了奇遇,会在你伤口都结了痂后不经意地带给你惊喜。

朋友发来一张截图,是他同事对我的夸奖:"真的好喜欢兔尾的文章啊,总是能够打动我的心。"

我和陌生的读者聊天,最后她发来一行字,让我感动:"你要努力工作,但真不能放弃写作,因为上天给你的财富,不是谁都能有的。"

以前无意中添加为微信好友的某平台编辑发来消息说:"兔尾,我们最喜欢在编辑群里发你的文章,我们十几个同事全都关注你了。"

这些赞美的语句让我十分感激,觉得十分温暖,仿佛再次看到当初自己执着的身影。

多少秋风凋敝舍,一池春水唤人醒。就像那位朋友所说,要努力工作,要好好生活,要无限地接近梦想。当然,爱好是不等于梦想的,爱好只是你单纯地喜欢一件事,梦想却需要你付出艰苦卓绝的努力,才有可能实现。不能落地的梦想,终是无稽之谈。何不伫立于现实里,再奋力地向上伸出手指。

　　要一边拿着面包果腹，要一边不舍地做梦。我知道这很难，可是又有哪一种梦想是简单的呢？

　　未来着实苦，但请别敲响心里的那面退堂鼓。因为生活总是不尽如人意的，而我们要有勇气朝心里的目标前进。

你的礼貌,藏着你的修养

1

中午,食堂有一道菜是萝卜烧肥肠,看上去很有食欲。我坐在一隅,埋头正吃。旁边有两个负责收拾的阿姨,正忙活着把剩饭残羹倒进桶里,动作麻溜利索,声响也挺大。其中一个阿姨端起一碗没吃完的烧肥肠,一边倾倒,一边悻悻地与同伴说道:"这肠子啊,我看着就恶心,毕竟是装过屎的地方,怎么下得了嘴。"说罢,两人相互附和着离去,留我一个人坐在那里,不知如何下咽。明明是一道让人垂涎三尺的好菜,怎么就变成了她们口中那不足挂齿的臭肉?

阿姨走后,我越想越心有不平,夹起一块肥肠仔细观察,只见上面干干净净，看不出有何污秽之物残留在上面。饶是如此，我心里依然会想起她们的谈话，这样一来，就怎么也吃不下了，最后只能挺着个半饱的肚子，失望离开。

当然，对阿姨来说，言语不由心，只是和同伴闲话家长，不曾想到顾客的食用感受。但正是这无心之失，却极大地反映了她的不礼貌。

2

电影《王牌特工》里有句话叫："不知礼，无以立也。"一群挑衅的人对一位西装革履的英国绅士出言不逊。后来，英国绅士缓缓站立，轻拉上门闩，用手里那把洋伞给那群无礼之人好好上了一课，让他们知道什么是礼节。

生活中，无礼的行径一抓一大把。等红绿灯时，总有车辆或耐不住性子狂按喇叭，或为抢那几秒横冲直撞，本该安静的街道变得异常吵闹，仿佛菜市场。要是横冲直撞的司机遇到脾气暴的，偏偏谁都不让，横在路中间，双方不服软。堵得来往的人苦不堪言，他们自己也丢脸。就像平常坐地铁一样，总有人为了争那一个座位，小则言语冲突撕破脸，大则拳脚相加，鼻青脸肿，何必呢？那车厢里随时播放着的"请主动给老弱病残让座"也权当是背景音乐了。

不知礼的人啊，大多是少了那份谦卑儒雅，而总是满身戾气，对这个世界充满敌意。你气急败坏、鲁莽无礼的样子，真的不好看。

礼节这个东西，要说它为何物、是何状，好像又不能说出个所以然。只是，那些有礼有节的人，和他们相处，你不会觉得心里难受，反而会觉得如沐春风。

3

你有没有想过，你苦苦追求的美貌其实近在咫尺，有礼貌的才是真的美。

看过一则触目惊心的新闻：几个长相甜美的少女欺凌一个手无寸铁的同龄女孩，扒其衣服、逼其自残。一个个长着人畜无害的脸，却做着比畜生还无知愚昧的事。她们貌美、青春靓丽，却不知礼、不懂尊重。那个被打的小女孩，只是多看了她们一眼，便遭此毒手。可想而知，这样的行为背后，有怎样粗鲁而没有礼貌的家风。

孔子说："礼者，敬人也。"

不仅仅是三叩九拜才叫敬重，而是怀有一颗敬畏之心。礼貌有时候更像是一把戒尺，一条红线，让你不要逾越，不要逐渐丢失自己。

也许今天你觉得你只是插个队、抢个位、横穿马路，不足为训。可难保这样不懂礼节、不明规则的你，明天会变成什么样子。可能别人只是多说你一句，你就会立马火冒三丈，拳头握紧了。

4

过去，我们在网上聊天总是会礼貌性地以"拜拜、我先下了、有空再聊"等话语作为结尾。看上去有些生涩，但至少是礼貌的。而现在呢，聊着聊着对方突然没了回应，画面停留在闪动的表情包上，定格在不知说啥的尴尬里，索性大家练就一种心照不宣的能力，沉默就算是最好的告别。

我们何以变成这样？怎么越长大反而越不懂礼貌了？

我的一位友人，他有次把别人的车剐了，大家都劝他趁车主不在，赶紧走。他却一根筋，硬是在腊月寒冬里等车主来，亲自赔不是，表示歉意。车主见他态度诚恳、礼貌有加，竟也不再追究。后来，我和他吃饭的时候聊起这件事，问他当时是怎么想的，他说："撞车了不可怕，可怕的是丢了自己的人格。"

我相信，这世间没有什么过错是你的礼貌、温良、诚恳所无法抚平和攻克的。

现在的懒惰，以后都会长成你身上的肥肉

1

前段时间，网上有个对比：从年轻到苍老，两种截然不同的人生，两种天差地别的面貌。

一种人奔跑得大汗淋漓，用脚步丈量世界，山高水远，去攀登一座又一座人生高峰；一种人大口吃喝，安逸地享受生命，故步自封，衰老得像具枯木。而生活中这是两种常见的精神状态，多数的人不是这种，就是另一种。

暮年衰老时，我想没有人会愿意为年轻时贪图享乐而买账。年轻的我们想吃好、喝好、玩好，老了又想身强体壮，儿孙满堂。但是，你以为上帝会让你独得恩宠吗？你现在不为自己的健康着想，以后就只能拄着拐杖看

夕阳。

"身体和灵魂，总有一个要在路上"是我特别喜欢的一句话。有个健壮的身体，才能去一直向往的遥远世界里流浪，尝遍生命的酸甜苦辣。回味时，又觉得内心甚是丰盈，像是装满醇香的美酒。

2

现在消极的情况比比皆是：大腹便便的身材，20岁的年龄却有着30岁的身体，顶着大肚子挤公交时，恨不得与孕妇争座位，难以买到称心如意的衣服。

内在的精气神就更是匮乏。读的书，识的字，还没有吃的鸡腿多。究竟是这个社会让我们变得如此肤浅，还是我们让这社会变得如此浮躁。每每说起这类鸡生蛋，蛋生鸡的问题，我们好像都事不关己，永远认识不了自己粗鄙的身躯与魂灵。

四十好几依然美到横行的我的一个女性朋友，用羞花闭月来形容也不为过。我们总是惊讶于岁月如此善待她，不忍在她身上多加一点赘肉，对我们却残忍得无以复加，却从来看不到她光鲜亮丽的背后付出的汗水。

修身养性，是多么苛求的一个词。用笔刀雕刻身体，用涵养浸润心性。我认为我那位女性朋友就是这样一个不骄不躁、温润如玉的人。

前些时候，霸占微博热搜那位年过花甲的大妈，却有着一副二十出头少女的样子与身材。照片上的那位大妈年轻得让人难以置信——凹凸有致的玲珑身材，秀丽面容上看不出一点岁月的痕迹。

拨开迷雾，才发现这些惊为天人的照片背后，是她用汗水堆砌出来的成果。她健身、游泳、登山。那些娇弱的手臂举不起的铁，她都能轻松举起。何况，她的年龄是这些年轻人的几倍。你看，年龄并不是影响你身材的因素，你心中所想所念才是。

绽放的花，人们只艳羡它花开时的明艳，却忽视了它成长时所经历的风吹雨打。我们往往只能看到表面的美好，被外在的光鲜所蒙蔽，而时常忘记探寻其内在的坚持与付出。

3

现在，愿意挤出一点时间来运动的人少之又少。而每况愈下的空气环境质量，令人担忧的食品安全，压力甚大的工作，无不成为人懒惰的理由。有时候下班回家，只想倒头就睡。这样的情况下，每个人都处在亚健康状态，大家都带着黑眼圈、顶着大肚子，活得像一只懒惰的熊猫。

与其挖空心思想怎么少吃一点，还不如迈开腿，出门锻炼。否则你的懒惰，以后只会长成你身上的肉。

最近听闻身边几个得病的人所患皆是癌症。以前的人哪知道什么癌症不癌症，因为很少有人患这种恶疾。而现在，癌症就像感冒一样稀松平常，虽然也是谈癌色变，但是大多数的人根本不知道自己已经患病，忽然就被宣布了这个噩耗。

既然没有办法改变大环境，那就只能改变小环境，"独善其身"。多少人奋斗终生，夜不能寐，只为晚年时好好地享受天伦之乐，可是他们没有想过，任何以身体健康作为代价的成功都是无意义的。就算你腰缠万贯，可你双腿失灵，只能坐在轮椅上，连话都说不清楚了，钱对你又有何意义。

当然，过瘦过胖都不健康。过瘦的人，打个呵欠都害怕打成气胸。过胖的人，上个楼梯都恨不得累成哮喘。健康，不知何时就变成了一种奢侈品，而没有一点毛病的人反倒成了另类。

4

那些戴着大金链子、闪着富贵之光、拿着筷子夹猪肘肉蘸酱吃的人，不顾嘴角油腻，还告诉大家他现在对吃的没什么欲望，后来，这些人大都得了脂肪肝。每天吼着要减肥，面对火锅、烧烤一顿猛吃，回到家又托着自己的双下巴暗自神伤的某某某，后来好像也越来越胖。

我们都喜欢欧美人的健美身材，却又时常忽略他们从小的辛勤。我们喜欢说他们从小吃的是牛肉,牛肉蛋白质含量高,我们吃的是猪肉,猪肉脂肪含量高等。可是你并不知道,在欧美,全民健身的理念早就深入人心,他们从小就有系统地锻炼,而且从小对待健康的态度就和我们存在天壤之别。

保险界不是总有这样一句话吗:当你生病时,救你的甚至不是你的父母,但一定会是保险。可想而知,健康的个体就已经价值百万,珍惜健康,不仅是对自己负责,更是对爱你的人负责。

也许,我们无法左右生命的长度,但可以决定身材的胖瘦。我能想到的最遗憾的事,就是年轻的时候自己是一个胖子,不能穿帅气好看的衣服,不能穿过狭窄的道路,甚至连呼吸好像都比别人吃力。这些笨重的负担,让你的人生变得异常艰难。

无法苛责每个人选择何种生活方式,但是请不要在最好的年华里好吃懒做,因为你现在的懒惰,以后都会长成你身上的肥肉。

谁的青春不迷茫

1

破旧的压出嘎嘎声响的公交车在飘着渐沥小雨的街上穿行而过,十字路口的红绿灯散发着高傲的气焰,不管你多么桀骜不驯,还是得向它俯首。我慵懒地歪着头,打着呵欠,在双眼疲惫的情况下,有那么一刻,竟不知何去何从。

我想,这座城市应该是孤独的。我们像是没有目的奔跑的小孩,颤巍巍地向前去,漫不经心,没有方向。远处盛大的烟火繁开凌乱,肆意掉落的颜色却勾勒不出你内心期盼的图案。想要的得不到,不想要的一大把。这是青春孤独的常态,哪有那么多心想事成,谁的青春不迷茫。

童年时,我们把心爱的玩具摔坏后会茫然无措,站在原地号啕大哭;学生时代又走在迷失的边缘,叛逆地面对父母的管教;走出校门,面对复杂如万花筒一般的世界,多少人为了眼下,如履薄冰地过着不喜欢的生活。

解不开的数学题、看不懂的股市走向、猜不透的人心,我们在方方面面都可以面临茫然。关于迷茫,你不是一个人。

2

Mannie蜷缩在咖啡店沙发的一角,不愿说话。我问她怎么了,她才艰难地说出几个字,都是因为工作。

大学毕业后的她,幻想能做喜欢的工作。可事与愿违,她只是在一家公司做最基础的职员。虽然每天八小时工作制,极少的事情,不错的薪资福利,是很多人羡慕的体面工作。但整天无所事事,百无聊赖,让她觉得是在虚度光阴。

"读了这么多年书,并不是为了坐在这里,勉强地把自己打扮成不喜欢的样子,给无关的人看。"她一脸愁苦地告诉我。她迷茫,不知所措,除了不停地抱怨,好像别无他法。我问她喜欢做什么,她不知道,只说反正不是现在这样。

造成迷茫的原因有很多种:自己不知道内心想要的,所以感到迷茫;父母让你过着你不想过的生活,你因为抵触而消极应对,从而生出茫然和失落感。

有千百种迷茫的理由,就有千百种迷茫的生活。我们在不愿驱逐迷茫的同时，又在寻找不那么迷茫的样子。而人也总是在绝对安全的时候，才会绝对地勇敢。这话一点不假。如我，从小喜欢文学抵触数学。读书时，幻想以后从事文字相关的工作，却整天与数字摩肩接踵。我时常感觉迷茫，觉得现在或以后，就算做得再好，也不会是自己喜欢的样子，活得不如心中所想的洒脱。

我当然想过改变，可现实正消磨着我仅有的思考。我想，在不久的将来，我可能会更迷茫，甚至会变得食不知味。人就是这样矛盾，明明心里那么多美好的设想，却总是告诉自己不要想，极力地逃避。当青春没有了冲动，剩下的都将是迷茫。

3

可是，迷茫并非一无是处。从某种程度上说，迷茫表示你还有知觉，还会为了自己的人生绞尽脑汁。倘若那幻想里的阳光真实地洒在身上，你却只顾避让，走在荫凉的树下时，失去的也将是面对美好的勇气，留在手心的也都会是无尽的叹息。

父母总会告诉我们，找一个稳定体面的工作，别想那么多，好好地生活。他们总会告诉你，谁家的孩子多么出息，工作没几年，已经月入七八千了。我们总会在心里犟嘴，他们的七八千也许是他们的终点，而我的七八千只是我的起点。

可我们不愿也不敢说出来，不仅是没那勇气，也是怕别人月入八万的时候，我还是月光族，被啪啪打脸。于是，我们向生活妥协，听父母的话，成为他们期待的样子。可心里的不情愿，又无时无刻不驱使我们想看看外面的世界。这种现实与幻想的落差，就造成了摇摆不定的迷茫。

然而人生哪有什么绝对的安全感，每天都是冒险，指不定下个路口，就会蹿出一条恶狗，咬伤你的胳膊腿脚。有谁说得准，翻过这座山，不会是一片桃花源？迷茫的不是青春，而是自己的态度。

生活就像面纱，它会在你做出选择的时候，为你一一揭开。那些一直困扰你，让你茫然的事，就在你决意踏出的时候，便不再是困扰。

你我总会遇到迷茫的时候，繁芜而悠长的岁月里，我们要做的不是逃避迷茫、浑噩度日。或许直面这份低迷，从中汲取前进的勇气，才是让青春不再迷茫的正确方式。

努力是什么感觉,我早就忘了

1

我做了一个冗长的梦,醒来时汗流浃背,嘴角流了很多的口水。做梦做成这样,该是在梦里有什么精彩的事情发生吧。其实不是梦境多么精彩,而是我又看到了曾经那个埋头学习、奋力拼搏的自己,这样充满拼劲的自己有些熟悉,又有些陌生。

我悄悄朝梦境里的自己走去,坐在旁边,看年少的自己眉头紧锁、沉浸在书海中的样子,原来,曾经的自己是这么努力。努力是什么感觉?我已经很久都不曾体会过了。

学生时代的所有课程里,英语算是我拿手的学科了。那个时候,我每天背200个单词,每周看一部英文电影,细细琢磨其中的遣词造句,把每一张试卷都写得密密麻麻。那时候,总是有被英语拖后腿的同学来向我取经,我告诉他们要努力地背单词。

而今,再回看那些年写过的笔记时发现,原来这些现在看上去轻而易举的事情,都是当初自己那么努力克服困难的结果。看着梦境里那个埋头学习的自己,现实中的自己像被赏了一巴掌,于是扪心自问,原来那么努力的自己哪里去了?现在的我每天重复着按部就班的工作,每月领着一成不变的工资,每年都蜷缩在同一个地方,过得安安稳稳。

2

朋友的叔叔是个典型的中年人,留着"地中海"的发型,穿着朴素,说话的间隙,不忘抬一抬厚重的黑框眼镜。很难想象,这样一个迈入中年、孩子已经读中学的大叔,竟决然地辞掉工作,回家看起了书。

原来他从年轻时就有当律师的梦想,现在的工作与律师行业毫不沾边。虽然他已经在原本的工作领域如鱼得水,可是他依旧坚定地跳出舒适区,努力地去实现那个看上去"不着边际"的梦想。朋友说,他叔叔每天早上六点准时起床,吃了早餐就开始看书,一直看到深夜。不管打雷下雨,他每天都重复地做着同一件事,十分努力地驱使自己朝梦想坚定走去。

努力并不是什么高姿态，它就是每个人都能做到的事情。不懂得努力的人，以为投入巨大才算努力。可是，努力本来就不是什么昂贵的舶来品，只要你真的愿意，我想随时都可以进入状态。

3

"幸福，就是你正在经历这件事，而又不会察觉。"这句话放在努力这件事上，同样成立。

大学毕业几年，我差不多忘记当初那个努力背单词、背课文的自己了，觉得自己正在被生活这把修枝剪修剪掉那些想要冒出来的新鲜想法。我觉得自己快要被一股洪流冲垮，而这股洪流就叫作不努力。

有时候我挺恨自己的，明明想要学习一些新的知识，可是就在想要真正触及它的那一刻，又变得懒惰而畏惧。

我不想人生变得如同行尸走肉一般，我还想做内心渴望的事情，想努力地翻过眼前这座山丘，即使看不到大海，那看看另一座山丘也好。但是，不努力的生活状态正在吞噬我仅剩的一点热情，别说翻山越岭了，就连出门走走都不愿意。

洗漱完毕，我突然好想再回到那个梦里，再看看自己曾埋头读书、努力向上的样子。可是同样的梦如何能够再做第二次？就算真的回到那个梦境，它也只能更加映衬出如今的自己是多么不努力。

多少人就是在这样日渐消磨中，选择向生活妥协，变得不屑于努力。可是，选择了不努力的你，真的准备这样浑噩地度过一生吗？不会吧。一定要努力，千万别在最好的年纪里，让努力变成记忆里最不起眼的东西。

你这么年轻，为何活得这么老气

1

再看《歌舞青春》，恨不得把整部影片一帧帧青春的画面，榨成青翠欲滴的汁液，倾灌在所有年轻人的认知里，让他们明白，年轻就该活得这么潇洒带劲。对于我们这群90后来说，青春似乎早已从指缝间悄悄溜走了，终于，我们也开始会说，年轻真好。

可问题是，我们不正是年轻的时候吗？如果说二十几岁都只能算作那如同过眼云烟般的年华，那么三十几岁的人，是不是已经要一只脚踩进土里了呢？我们对年轻的定义太过狭隘，好像二十岁出头就要挑起大梁，告别青春一样。

拜托，不要再被这些告知你已经老去的言论所蒙蔽，如果你因此而妥协，活成别人眼里的成年人该有的样子，那生命未免也太过草率。因为年轻的心，才是生命与众不同的前提。

2

有天早上，我在一座桥下看见曾经关系不错的朋友，他独自一人骑着电动车在路上行进，硕大的身体压得车子嘎吱作响，看上去又心酸又好笑。我本想上前打招呼，热络一番，聊聊最近的生活。但最终我并未上前，而只是在他后面看着他的背影。我突然觉得很陌生，明明以前是无话不谈的朋友，现在为何变得如此陌生。

说实话，我觉得他真是太老气了。那庞大的身躯、乱糟糟的发型、老气的深灰色夹克、积满灰尘的黑皮鞋都让我却步。并不是看不惯，而是觉得为什么他年纪轻轻，整个人给我的感觉就只剩下老气了呢。他早已不是当年那个与我勾肩搭背，一起去操场疯打玩乐的人了。我们明明才大学毕业没几年，怎么会变成这样？他与我印象里那个少年毫不沾边。

这让我不敢与他相认，因为我实在很难相信，一个人外表都显示不出年轻，内心又怎会有青春可言。我们在生活的重压之下逐渐变得颓靡，又或者是亢奋，于是呈现出的精神状态如此截然不同。有的人的青春越演越烈，有的人的青春好像死水般看不到一点涟漪。

3

曾经有一个调查,把各国年轻人的日常穿搭做对比,看看不同国家的年轻人是怎样的状态。

美国的街头嘻哈、欧洲的绅士英伦、日本的素朴简洁、韩国的活力洋溢……而中国的很多年轻人,至少在穿搭方面,毫无风格可言。

我们都听说过这样一句话:最配不起中国女人的就是中国的男人。这并非是恶意的讽刺,而确实是某种意义上对中国男人的提醒,因为我们大多数的时候真的太土了,不仅穿得土,活得也土。

我们中的大多数人,二十出头就想着安逸的生活,幻想着每天瘫坐在办公室,可以什么事都不用做,喝喝茶看看报,拿着不错的薪资,浪费生命,而从未觉得这是一种对生命的亵渎。很多时候,我并不是很明白,为什么会有那么多的年轻人不敢去追逐梦想,这无疑是对生命的浪费。这种思想的固化,直接抹杀掉我们的创新能力,也同时让我们活得越来越像个老年人。

我们羡慕那些外国的小青年们,背个包就可以环游世界。而我们虽有走遍世界的想法,却没有敢于出发的勇气,继而总是在那些无聊的人挤人的景点里耗费精力。"越是畏惧不前,越是容易走向衰老。"我现在大抵知道这是什么意思。

4

  品位不仅可以测试一个人的审美,更能看出一个人的心态。对于那些一定要戴大金链子、身上搭配好几种颜色、把皮带的大标语卡在腰间、走起路来大摇大摆,再顺势从口中吐出一口老痰的人,我想我无法与他们做朋友。这不仅是品位的不同所致,更是心态不同的体现。

  虽然爸爸总是让我向这样的人学习穿搭,让我长胖,最好挺着个大肚腩,用他的话来说,这样才显得有气质,但我恐怕无法满足他的心愿。

  我曾和此类人坐在一起聊天,他们谈论的大多是哪里钓的鱼够肥、哪里卖的皮鞋够尖,怎么才能让顾客乖乖交出兜里的钱。不是才二十几吗,为什么面貌与思想会这么老成?当然,我没有资格去指责别人的生活状态,但至少他们这样的生活我真是无法接受。

  每个人都有自己的生活方式,都有对年轻不同的理解,年轻不是单一的色彩。我们真的不能在这么好的年纪里,任由自己的心态朝衰老走去,这是多么惨痛的过程。那些青春的号角,不是别人告诉我们应该怎么吹响,而是我们自己用心发出的声音。请脱下不属于自己的那件老气的外衣,你正值青春年少,拜托别活得那么老气。

我得了一种怕跟人接触的病

1

"待在桌子的一角,听着他们酒过三巡的谈笑,不想说话,却只能尬笑,心里一遍遍嘀咕着,这坐立难安的一餐,何时才能结束。"

刚把手机充好电,我就收到朋友发来的这一则埋怨式的"求救信息"。每次他突然发来消息,我都能猜到他准是又被拉上了"饭桌战场"。因为在他看来,聚餐是一件苦差。

和领导同事吃饭,他几乎哑口无言,像个涉世未深的小媳妇,羞怯又茫然;和女友家人聚餐,他插不上话,总觉得自己说的话,他们既不关心,又不想听。就连和父母的朋友一起打个牙祭,吃点珍味,他都恨不得三下五除二，狼吞虎咽，早点下桌。

我安慰他，如果他害怕社交，就先放缓心态，慢慢去习惯这种场合。我建议他可以适当婉拒，不要总是把自己丢进社交圈里，让自己变得痛苦不堪。可他就是无法拒绝这种邀约，还总是一副好难、好烦、好不简单的低落模样。他说他有病，得了一种叫"怕跟人接触"的病，随时都让他如坐针毡。

以前的我总是认为，世界如此，再难吃的苦也要学会咽下去。可那时的我不曾想过，硬逼着一个手无寸铁的人上梁山，这对他而言其实不是勇敢，而是一种折磨。

2

同事每每说起她女儿曾患抑郁症的经历时，都挂着一副十分后悔的表情。她说她女儿从小成绩优异，爱读书、喜钻研，可就是不爱在陌生人面前说话，每次大家饶有兴致地想让她站起来背一首诗或唱一首曲时，她总是低头哭泣，不肯面对大家。

同事觉得很丢脸，一边用"没出息，狗肉上不了台面"这样激进的言辞来发泄自己对女儿表现的不满，一边用"你连谁谁谁都不如"这样伤人的话语刺激她女儿，希望她能有所转变。

听同事说得最多的一句话就是:"我希望她和其他孩子一样,给我长点脸。"所以不管孩子的心情,不问女儿是否愿意,她总是拿起鞭子,逼着一个生性安静的人去台前给大家表演节目,想想我都替她女儿感到憋屈。

最后,当她女儿被确诊为中度抑郁症的时候她才明白,这种不合适的教育方式,不会让自己的孩子变成她满意的样子,而是适得其反,使孩子变得郁郁寡欢,终日无精打采。

每次说起这类事情时,同事都用一种过来人的口吻告诫我们在座的每一个人,不要试图让孩子变成自己想象中的样子,因为这并不一定适合他们。

3

我们小时候似乎都曾被父母怂恿过站上某个活动的舞台,去参加游戏,拿奖品。也被父母嘲笑过,怎么这个也不会,那个也不行,而父母口中别人家的小孩,始终比我们强。

可我就是我啊,就算我不太优秀,长得胖丑矬,我依旧是我啊。当然,我也可以改变,认真读书,减肥整容,可这些改变,也只能建立于我自己的意愿之上啊。就算全世界嘲笑我丑,我自己心安理得,又有何不可。

就拿敬酒这件事来说,爸妈们总是喜欢在桌下,用大腿撞一下我们,要我们站起来给这个叔叔敬酒,跟那个阿姨碰杯。虽说这是一种礼数,可有些孩子就是不喜欢，你让他们做这件事，无疑是让他们难堪。并不是孩子们不优秀，而是你觉得好的地方，刚好他们不太情愿。

4

时常觉得这个时代的人，判断一个人的标准太过片面，觉得光明积极就是好的，活泼外向就是对的，安静的人比吵闹的人逊色三分。

我不喜欢人群，不爱热闹，不愿在陌生人面前展示自己，但这不是我的错，因为我当下的心境如此，并非心怀不满。人们总喜欢把自我认定的那一套搬出来套在别人身上，也不管别人喜不喜欢、愿不愿意接受。

有一种状态叫作"他们说/他们认为/他们要求……"可人生是自己的，你身上长了几斤肉，你穿什么颜色的衣服，为什么不能自己决定？很烦那些要求我要像别人一样的人，我很想问一句：别人穿小码上衣，你穿加大码上衣，你硬要把别人的上衣穿在自己身上，不觉得勒得慌，不觉得喘不过气吗？

那些说认真就输了的人,最后真的输了

1

一直非常反感一句话:"认真你就输了。"凭什么?认真的人就该前程似锦,走向成功啊。

时常有这样的新闻出现,某外国演员为了新戏增肥几十斤,又或者是狂瘦几十斤,只为了完美地契合角色。而我们往往只是惊叹于他们外表的变化,而忽视掉他们背后的认真。

这些人光鲜的背后,其实就两个字,认真。那些总是张嘴闭嘴"认真你就输了"的人,他们所说的认真,充其量算是固执。

很多时候,顺其自然成了我们不想认真的说辞。我们反倒觉得过于认真

的人通常都不近人情，没有风趣。这一方面归咎于我们所处的人情社会，另一方面更是说明我们内心对专业、对认真的逃避。

2

有次和朋友在KTV唱歌，我点了一首Glee（《欢乐合唱团》）的歌，里面的女主角Rachel一出场，朋友就问我："这个女生和《冰雪奇缘》里的Elsa女王长得好像啊，感觉就像她的妈妈一样。"我说："对啊，她正好在《欢乐合唱团》里饰演她的妈妈……"

其实常看美剧的人会知道有意思的一点，剧里的父母子女，安排得都有各自的道理。你感叹这父子俩、母女俩长得怎么这样相似，活像亲生父子、母女出演，其实这都是导演煞费苦心千挑万选的，认真地为观众呈现出合理的视觉感受。

就拿奥斯卡来说，它其实是一场博弈。不要以为得奖的影片都是高高在上，等待评委们来评奖。其实要拿奖是靠lobby（游说）的。当然，游说是基于影片质量极佳才会做出的行为。每一部入围影片的制片方都会使出浑身解数，去各地游说，目的就是为了让评委们看到他们背后的认真以及这部影片的闪光点。

认真，辐射在每一个良性循环里，让好的更好，让坏的被淘汰，而最后受益的就是我们这些拿着爆米花，对着屏幕流口水的观众们。在这样一个良好的竞争机制下，大家都居危思进，只有不断努力，拿出十二分的认真，才能走到最高领奖台。所以你看，认真并不会让你输掉，而会让你赢得比赛。

3

朋友在香港工作。众所周知，香港已经不能再用人潮涌动来形容了，换成人满为患比较合适。就是在这样一个压抑的空间里，却有很多人依然认真地坚守着。

"做人一定要够专业够认真，才会有够多的机会。"朋友说过这样一句话，我一直深有感触。他毕业留港，工作于某知名保险公司。要知道庞大的保险团队里，很多销售渠道都被土生土长的香港人包揽，而外地人想要在这里开拓一片客户市场，是非常艰难的。你除了要比别人更努力，还要更加认真。

前段时间，在朋友的念叨下，我终于和他会合，坐在维港边上，聊天排解巨大压力。趁他离开的时候，他的同事，一个北京的姐姐，轻描淡写，却又十分肯定地告诉我："你这个朋友很努力的，业绩也不错，知道你要来，他做了很多工作，很少看到有像他这样认真的人。"

走在这片土地上，我当时就在想，到底要付出多少努力，才可以挺直脊背，安然地行进于此。我能想到的除了心酸的泪水，还有倾盆而泻的认真的汗水。

认真的人好像自带光环，走到哪里都招人喜欢。认真除了会让你变得更加完美强大外，我实在想不到它有什么坏处。

4

那些成天叫嚣着认真你就输了的人，到最后真的输了。

每次若是有人这样感叹，我都忍不住想问到底输在哪里了。认真怎么就输了，认真不应该赢吗？后来我明白他们口中的认真，不过是一种对人对事的执念。他们希望顺其自然，顺水推舟，他们讲求天命，并不期待人为，继而大多都是碌碌无为。

认真并不是冥顽不灵、钻牛角尖，那些认真生活的人，他们总是可以过得那么精彩。那些想去旅游又不愿认真做功课的人，随便报个旅行团，每天无脑地跟着走，除了把自己搞得劳累不堪，什么也收获不了。

认真和不认真的人有着截然不同的人生，认真的人从来不会输。

妈妈，对不起，我再也不逼你穿高跟鞋了

1

小时候，我们唱得最多的歌是"世上只有妈妈好"。尤其在中国，母亲随时处于被召唤的状态。有关生活的任何方面，我们似乎都离不了自己的妈妈。放学回家，看到妈妈的第一句话是："妈，我饿了。"看到爸爸的第一句话是："爸，我妈呢？"

且不论父亲在教育方面的责任缺位，就单从"妈妈"二字的使用率来看，母亲就远比父亲更加忙碌。就像我们可以离开爸爸一个月，却离不开妈妈一天，因为离开她就会有"饿死""冻死""憋死"的风险。

成长过程中，那些关于了解这个世界的问题，我们大多说给了妈妈听，

是她指引我们成长的方向。母亲，这个伟大又平凡的角色，不计回报地向我们传递着温暖。

2

看到一则新闻说一个懵懂的少年，因为开家长会的时候，自己妈妈的穿着与其他同学的母亲相比，显得老气横秋，他虚荣心作祟，在人来人往的校门口，把自己的母亲推倒在了浑浊的泥水中。

瘫倒在地的那个少年的母亲泣不成声，她大声地向周围人倾诉着自己的心酸：为赚钱，每天打三份工；为了买到便宜的菜，去很远的菜市场和别人砍价；每天还要去各个垃圾桶里捡废品卖钱……每天都有无数的母亲被自己的孩子嫌弃，被他们用冰冷的态度对待。

她们为孩子变得强大，不计回报为孩子日夜付出，但是面对孩子的冷言冷语，又不忍心说一句重话去责备。3岁的孩子嫌弃妈妈亲他的时候嘴太臭；15岁的孩子嫌弃妈妈管他太多；二十多岁的孩子嫌弃妈妈催他结婚生子；50岁的人嫌弃母亲变成一种负担，吃喝拉撒全要人照顾。

3

我也嫌弃过自己的母亲,在我年少不懂事的时候。我嫌她做的菜不好吃,说她太胖让她减肥,我时不时就会对她说出一句刻薄的话。她说她穿高跟鞋走不动路,还是穿平底鞋自在,我批评她长得矮、腿粗,还不穿高跟鞋,于是她穿上了高跟鞋,战战兢兢,如同踩着高跷,和我并肩而行。我嫌她走得慢,嘟囔着让她走快一点,回到家后我才发现她的脚趾已经磨得红肿了。

我以为她休息一下就会好,却没想到长久以来的寒湿,又让她躺在床上半个月不能动弹,可就算这样她还是一如往常地起得很早,给我做好早餐、午餐,甚至还用抬不起的手洗了一大堆衣物。很长时间以后我才明白,究竟是什么支撑着母亲强忍着疼痛为我做这些,现在的我为过去的自己感到羞愧。

我看到她忍着痛颤巍巍地按住生猪肉,准备做我最爱吃的回锅肉时,我突然觉得自己就像一个吸血鬼一般吝啬,不断攫取着母亲的爱,却从不曾为她做过什么。

后来为了给她治病,我带着她去医院做理疗,然后不时地坐在床边给她按摩,我问她有没有好一点,她连连点头。当她又恢复到以前精神饱满的状态时,我才懂得我们之间其实是平等的,并不是因为她是母亲,我就可以毫无节制地从她身上索取，甚至对她乱发脾气。妈妈，咱不会穿高跟鞋，就全都扔了吧，就穿平底鞋，舒服好走路。

4

母亲是我们坚强的后盾，我们开心时为我们开心，难过时给我们安慰。我们越是成长，越能体会到母亲那无私的爱，也越感到愧疚，觉得自己从小到大，从母亲那里获得种种关爱，自己却从来没有给过她什么。我庆幸自己这辈子只用做父亲，不用做母亲。

很多时候，我其实并不想对妈妈说"祝您永远年轻"，却好想说声对不起。那些年对她的言语中伤，那些叛逆的举动，那些不明事理的狂躁不安，统统都不是一句真挚的道歉能补偿的。更何况，要说出这几个字好难。

长辈们总是说小时候我唱《世上只有妈妈好》唱得好听，其实，我害怕听到这样有关回忆的夸赞，我害怕自己不能像小时候一样那么听她的话，害怕自己越活越退步。我们在成长的过程中，心安理得地接受着母亲的付出，又离经叛道地与她作对，我们终究欠母亲太多。要说世上只有妈妈好？不，父亲母亲都好。只是，母亲真的要比父亲再好那么一点。愿天下所有父母都平安喜乐。

余生很长,请多指教

1

我们走在安静的街道上,时有微风吹来,里面都是初春的味道。我问:"以后你要睡左边还是右边啊?"你说:"我睡右边吧,男左女右。"我说:"好,正合我意。"

阳光透过枝丫洒落在这条不长的小路上,等着我们挪着脚步去踩。这种感觉如同生涩的我们攥紧双手,要去收集生命的光亮那样,令人充满期待。

我总是不自觉地想到,不久后我将在很多人的目光里,向你走来,牵起你的手,成为你的丈夫。每当这时,喜悦又紧张的心情总是让我难以入眠。爱情仿佛是陡峭的悬崖,你屏住呼吸、紧张地靠近它,当它的全貌展现在你眼前时,你才发现它是如此绝美、迷人。

我们总是说要等到多少岁,有多少存款,才会结婚,可是当爱情真正来临的时候,我们又想伸手捧住它,不想错过分毫。你可以对所有事物充耳不闻,可无法做到对爱情视而不见,因为它让你像个傻瓜一样,想要用力去爱。

2

有一天朋友发微信问我最近在忙什么,我说在忙结婚。这寥寥几字,不知怎的,看似轻描淡写,说出来的时候竟然溢出幸福之感,全然忘记这些天东奔西走,准备婚礼的劳累。

从大半年前开始,我们的周末总是辗转奔波于各个地方,寻找想要的感觉。谈论起一些细节的时候,我们总是在争执一番后又达成一致,彼此相视一笑,一副心照不宣的样子。

就像我写的那样:爱是滚烫目光里的焦灼,是简单又庞杂的东西,它让你坚守砥砺,却甘之如饴。我想所有的不安分,都正是现在必经的过程,我们不能逃避,只好越来越爱。

听到《A thousand years》,我们都认定这首歌里爱情的样子。那一刻,我想,如果你要在这样的歌声里走来,我也要在这样的歌声里,向你走去。生活中哪有什么大起大落，不过是一些小确幸、小确丧。正是那些微小的感受，组成我们心中强烈的幸福。从平淡琐碎里孕育的感动，总是比从闪着金光、用物欲堆积起来的感动来得真切十足。

3

我问："你想象里的婚礼是什么样子的？"你拿出你喜欢的某个博主的婚礼照片告诉我："喏，要这样的，干净舒服。"

我总是很感叹缘分这东西，它会帮你筛选掉生命里不相干的人，把与你投缘的人带到你身边。看着你拿着照片，期待十足的样子，我说：恰好我也喜欢这样的感觉。那是空气里都充满相同气味的时刻，是一种欢悦的亲密之感。

我们总是说爱情奇妙，不是会让你买彩票中500万的那种，因为那是奇迹。爱情是一种心灵的联结感召，你想说的话，被面前的她说了；她要做的事，你早已了然于心。爱情把所有的事情都安排得妥当，让一切都在刚刚好的时候发生。

刚好在某一年，你认识了她；刚好在某一时，你牵起她的手；刚好在某一刻，你们在别人的期许和祝愿里，走进爱情的房子里，过油盐酱醋的日子。喜欢看你做菜的样子，哪怕有些手忙脚乱，那个曾经笑说不会煮菜的你，现在正大汗淋漓地与炉火"做斗争"。爱情当然是要走向平淡的，没有一种爱是时刻燃烧的。

喜欢与你牵手走过每一寸熟悉的土地，更喜欢你卖力做好几道菜，饭饱酒足后，我洗完碗，我们一起躺在沙发上聊天看电影。你让我不要打游戏，我让你少看没用的美妆节目，所有关于爱的情节，都来得刚刚好。

4

怦怦直跳的心，让我在这么多人的面前，忘记要唱的歌。我屏住呼吸，找回一丝丝理智，深掩住激动的心情，唱完你喜欢的那首《Angel》。婚礼司仪让我们想想要说的话，我脑海思绪万千，平时信手拈来的诗词好句，现在竟毫无用处。我幻想自己可以说得滔滔不绝，可真正面对你的时候，又不知这心里的感觉要从何说起。

爱有时会让人失去理智，把人抛出既定的轨道。就像在此的前几天我就告诉自己，要早睡，不然会有黑眼圈。可是爱情分泌出令人欣喜的多巴胺，无时无刻不让人心生激动。明明说好前一天要早早睡下，可在床上挣扎了几小时未眠的我，终于还是起身站在窗前，捧着一颗扑通乱跳的心，极其不淡定地看着远处漆黑的夜色，想象着来迎娶你的样子。

当我真实地看着你洁白姣好的面容时，记忆又突然将我拉回脑海里的场景：第一次遇见你的时候、第一次牵你的手的时候、第一次旅行的时候、第一次看你穿着白纱出现在我面前的时候。

  我忍不住潸然落泪，那是喜悦的泪水，有些不知所措，有些莫名幸福。当婚礼司仪在所有宾客的面前问我我所期待的幸福是什么样子时，我的心狂跳，眼泛泪光："幸福是和你在一起的样子。"

Chapter 3
与其努力合群，
不如活出自己喜欢的样子

不讨好世界，也不参照别人的足迹，人生永远都只是自己的。在随波逐流的世界里，愿你披荆斩棘，无畏前行，活出自己喜欢的样子。

生活是该全力以赴,但也要偶尔驻足

1

出太阳的时候,坐在幽暗办公室的人,总会有一种失落感:明明大好的时光,为何要坐在这里发霉?不能享受好天气的上班族,就像只吃螃蟹腿不吃蟹黄的人,实在有点奢侈的浪费。

大家偶尔会在办公室里谈论起美好的憧憬:如果能够在阳光明媚的地方消耗生命该有多好!我总是顺势鼓励他们来一场说走就走的旅行。最后却总是引得同事一阵倒苦水:没时间、工作忙、缺钱……但事实上你是有钱的,只是放在银行没取;你也有时间,只是不愿意去挤。那些能够偶尔逃离生活的人,不仅勇气可嘉,也一定是拥有精彩生活的人。

有个问题,若是你问一个人忙不忙,得到的答案总是抱怨:还有多少工作没做完,还有多少班要加……总之,从我们嘴里说出来的生活状态多是忙碌。那么,我们到底在忙些什么呢?

堆积成山的工作、刷不完的游戏副本、看不厌的浮夸综艺……仔细回想,好像任何"偷得浮生半日闲"的机会,都消耗在了那些无趣的事情上,我们所谓的忙,正在把我们甩进怪圈。不敢停下来的人,或许得到了金钱,却失去了在阳光下感受宝贵自我的机会。

2

"世界那么大,我想去看看。"这寥寥几字的辞职信,却有力地说出心中想要出发的渴望感。但是敢这样辞去工作去旅行的人,同样寥寥无几。金钱万能,这一点我们似乎十分笃信。我们总是把金钱放在首位,所以加班加点、日夜忙碌,就为了在这充满铜臭味的世界里,能够多获取一笔钱财。

恕我无法苟同这样的生活方式。比起忙碌得来的财,我更愿适时停下来去旅行,看看这偌大的世界,除了疲于奔命、除了没日没夜,还会有其他什么不一样的面貌。

朋友樱桃就活得很洒脱,一会儿在曼谷吃冰晒太阳,在清迈的街头当一个惬意的旅人;一会儿又在大草原上,畅饮马奶酒,潇洒地吹风。别人随波逐流加入考研大军，管他是为了逃避工作压力、还是为了继续深造，很多人就是要去走那条独木桥。她却不紧不慢，拿出了张爱玲的小说捧读。她迷醉于张爱玲字里的气息，因为自己喜欢，就敢停下在别人眼里看似正确的脚步。

她活得不太一样，倒不是因为她在各地留下剪影，而是因为在大多数人都选择全力以赴、增强自己的竞争力的时候，她还能够走得这般从容。

3

办公室与卫生间之间相距不远，我通常会把这段路走得慢一点，倒点温开水，活络一下筋骨，眺望远方等。我想让自己慢一点，不想有在夹缝里生存的感觉，因为这样会让人变成只会工作的机器。

眼前常常会出现这样一幅画面：人到中年，挺着大肚，拖着疲惫的身躯，忙完一整天的工作，回到家倒头就睡，而第二天醒来，又将重复和昨天一样的事情。

这世间大部分的人选择与忙碌同行，就是不愿意有片刻停留。所以那些稚气未脱的小孩，从小就被逼着去上各种培训班，学一些看似厉害的特长……

为什么要惧怕输在起跑线这些所谓的输赢呢？人生本就匆忙，为何要急于奔命，我们难道真的赶时间吗？"身体和灵魂总要有一个在路上"这句话都快被说烂了。哪有人生来就是果敢的，有选择忙碌的勇气，当然也该有停下的勇气。

王家卫拍《一代宗师》，从筹备到上映，为了拍好这部电影，他采访宗师传人，梁朝伟学习咏春三年，张震成了真正的功夫人……十年磨一剑，最终影片斩获各类奖项无数。

拍《一代宗师》花了多长时间？十年，三千多个日日夜夜。为什么王家卫不拍可以圈钱走人的商业影片？为什么还要耗费十年光阴只为呈现一部影片？十年，你可以奋起直追，赚好多的钱；十年，你可以走得慢些，去遇到那些藏在生命缝隙里的精彩。人生啊，别过得那么着急，偶尔停下来，你会看见不凡的自己。

不喜欢的路，不要勉强自己走

1

朋友找我诉苦，觉得自己工作后，生活就过得一塌糊涂。他是个内敛之人，不善言谈，却偏偏干起了销售的工作。他面对陌生的顾客，常常要在心里倒数个一二三，才敢说出第一句话，介绍产品时也结结巴巴，让顾客听得云里雾里。

可领导偏偏隔三岔五就叫他出去陪饭局。酒桌上，侃侃而谈的氛围总是像一根针扎进他的肉里，让他坐也不是，站也不好，一来二去，他就少不了挨上级领导的一顿批评教育，说他无动于衷，不知变通；嫌弃他面上无笑，呆若木头。他十分苦恼，这种在别人看来很随意自然的事情，在他这里却变成一种煎熬。

其实读书时,朋友学习很好很刻苦,他喜欢沉浸在自己的世界里,看自己的书,听自己喜欢的音乐。用他的话来说,就是一切井然有序,又符合他的气质。那时的他会因为一盘深奥的棋局,茶饭不思;也喜欢咬着笔不放手,去反复计算一道烧脑的数学题。我们常常说他以后或许是个潜心搞学术、不谙世事的老实人。

后来,上了大学,在父母的强势安排下,他读了一个自己不甚喜欢的专业,于是常常听到他在抱怨、在叹息,觉得自己未来渺茫。临近毕业时,他的父母又费尽心思,通过层层关系,将他安排进在别人看来不错的大公司去做销售。他十分抵触,一是学得不精通,二是这根本不是他喜好的职业。

这样的工作对他来说,无疑是上刀山下火海一般。看着同事们的业绩一个比一个做得好,就连实习生都比他能言善道,他却手足无措,不知如何是好。业绩压力让他不得不去思考,自己到底有多么不适合这份工作。

2

我们从小被教育要成为出挑的孩子,父母也不曾多想我们是否害羞胆怯,他们打着为你好的旗帜,义正词严地将你往前推。很多人都有这样的体验：过年了，亲朋好友坐在一起，总有父母第一个叫自己的孩子，让孩子端起酒杯、拿起酒瓶，笨手笨脚地去给每一个人添杯敬酒。

然后，在座的父母们都不甘示弱，纷纷用手戳自己的孩子，让他们赶紧照做。不甘愿的孩子，总是在父母的逼迫下涨红小脸，胆怯地走到亲戚好友面前给大家敬酒。如果不这样做，就会被全家人笑话，同时也会让父母颜面尽失，可是，当我们做这一系列事情的时候，从未考虑过这样的行为是否适合我们。

很多人在成长过程中，并不能清楚认识到自己的性格，于是，小小年纪便只能照父母说的做，去模仿别人，做一些和自己内心真实想法有冲突的事。没有找准定位，不能摸清自己性格的人，只会越活越矛盾。

3

前几天，我收到我那朋友发来的消息，说他终于鼓起勇气，不顾父母反对辞职了。他连年终奖都不要了，因为他一刻也不想多待下去。他准备先去旅游，拾掇起自己的爱好，拿着尘封好久的相机，去远方洗涤这几年尘封的心灵，再慢慢找到属于自己的方向。

从朋友的身上，我大致有所明白，找到自己，就是找到自己喜欢和要做的事。每个人都有自己的气质，这东西是集万千因素形成的虚无体，它体现于你的言行举止，时刻提醒你，你是不是真的适合走这条路。好比你让一个内向的人去做外向人的工作，也许他能做下来，但可能并不会比外向的人做得好，因为内向的人要先克服自我，在心里说服自己，才能开始一系列这样艰难的工作，而这些工作，对内向的人来说是挑战，对外向的人来说却再平常不过，虽说最后要达到的目的和结果可能一致，但两者花费的时间和心力是截然不同的。

我们无法决定每个人应该做什么事、成为什么样的人，却能在漫长生命里，做任何事都保持一个原则，那就是自己内心足够喜欢。若一件事对你来说已经造成无尽的困扰，那还是不要做为好。如果你不喜欢在饭桌上端起酒杯，废话连篇，那就安安静静吃饭。没人愿意看一个蹩脚的人硬着头皮跳一支滑稽的舞。不喜欢的路，不要勉强自己走。

4

一手清新隽永的字，一幅豪放狂草的帖；一首悠远抒情的歌，一首摇头晃脑的曲；一枝暗香浮动的茉莉，一朵妖艳纵情的玫瑰。每一个存在的个体，都有属于自己的气质。没有气质是一件可悲的事情，这就像丢了芝麻捡西瓜一样，你永远得不到想要的东西，你永远成为不了想成为的人。

生命如此之短，聪明的人总是一下便知自己该走的道路，而我们并不都是聪明人。那些取得成功高谈阔论的人，不过是了解自己的性格，知道自己该怎么走，才能变得富有。那如何把自己的生活过得与众不同？你首先做的就是要找到你自己真正适合做的事。

我终于有资格谈谈减肥这件事

1

学生时代,每个班级里总会有一个胖子。很荣幸,我就是那个胖子。书可以不读,但饭一定要吃。这是我学生时代的至理名言。我会不顾下雨,毫不犹豫,去隔了一个操场的食堂买炸得金黄的鸡腿,吃得喷香;会骑着被我压到嘎吱作响的自行车,去偏僻的街角买烤串,吃圆了肚皮,然后欣然回家。所以,时常有同学让我去参加大胃王比赛,我都谦虚地说:"我实力还不够,还要再努力。"

对于吃这件事,从小到大,我坚持做到完美,绝不让美食对我失望。以前,我从不觉得自己胖,反而觉得镜子里的自己自然成长,匀称得刚好。

所以你会看到,炎炎夏日里,一个趴在桌上喘着大气、吃着零食大喊好热的人,不要疑惑,是我。还有那个大腹便便,坐在狭小的空间里,埋着头甩着双下巴认真读书,看起来蠢蠢的人,当然还是我。

　　我从不会担心自己淹没在人海里,毕竟,体积摆在那里。从小胖到大的人,除了上帝眷顾外,还得益于父母养得好。记忆里,在吃上面,父母从未亏待过我,总是给我买很多好吃的。而我自己也是十分争气,就算没有好饭好菜,只要放点油,夹几块泡菜,同样可以吃掉一大碗米饭,然后把空无一物的碗倒过来,大声问爸妈:"还有没有?我还要……"

2

　　以前的大部分时间里,我总是在乐此不疲地寻找美食,像脱缰的野马一样,在胖子的道路上一去不复返。

　　青春期的少男少女们,喜欢看捧腹的综艺节目,前仰后合地讨论,抑或是追长长的肥皂剧,时常潸然泪下。而我却有些不一样,我喜欢看的是美食节目,总是仔仔细细地听主持人分享吃后感,然后迅速记在自己的美食小本子上,期待以后的某一天亲自去感受。

　　胖子总是给人一种软软的、好欺负的感觉。不过我好像从未感受过被欺负的滋味,从小到大,因为个性比较幽默,和大家的相处都比较融洽。我喜欢别人叫我胖子，因为我并不觉得他们是在小瞧我，更多是觉得亲切，也许心宽体胖就说的是我这种人吧。

生活就这么过着，我还是胖得悄无声息，胖得怡然自得，眨眼间，不知不觉胖了20年。然而，在大一的那个夏天里，我偶然看到一句话："不要在最好的年华里，成为一个胖子。"这句话就像晴天霹雳一样打在我身上，顶着大肚子坐在电脑前的我，手里拿着大包的薯片，看着屏幕里那些身材、脸蛋都很好的男男女女，那一瞬间，我突然觉得自己好丑。

3

如果有特别激励的事，或者有我特别想做的事情，我就会变得非常有毅力。所以，那天之后，我搜遍各大网络，求贤若渴般地查找有效减肥方法，什么苹果三日法、醋泡香蕉、七日断食法……你曾经试过的、你能想到的所有方法，我都试过。

只求相当有效的方法，不管过程，只要结果。这样的频繁尝试，效果是比较明显，但是有副作用，会出现体力不支、面色蜡黄、憔悴不堪的状态，整个人软绵绵的，没有精神。很多人减肥只愿管住嘴，却不愿迈开腿。可是偏偏减肥不是一蹴而就的事，不运动真的很难瘦下来。经过多次的失败、反弹，我又重回胖的巅峰。最后，我终于愿意迈开腿了。

或许就像那句话所说的：生命在于运动。通过运动，搭配合理健康的饮食，我成功地减掉了60斤。有很多慕名而来的陌生人问我是怎样成功瘦身的。对于这个问题，我总是不知疲倦地回答着，因为我非常理解想要减肥的人的心理活动。

现在，我坐在电脑前，回忆起当初减肥的心酸，竟有些如释重负的感觉。人并不一定要多优秀，重要的是，别让自己嘲笑自己。

4

可是，虽然减肥成功，获得无数羡慕的眼光，但我也逐渐知道一个事实，那就是很多人瘦身不是出于本意，而是因为别人觉得他们应该减肥。

这个时代，总是将瘦作为美的唯一标准。瘦的人太多，把胖子都逼得无路可走。而很多人减肥，不是因为旁人的闲言碎语，就是因为自我嫌弃。这并不是与自己的良性共处，不管是胖的人，还是瘦的人，都是平等的个体。

胖或瘦是每个人的自由，你不欠谁的，无须为别人减肥。世界的转动是各种色彩的驱动，若只是一种颜色，未免有些单调。

你要庆幸现在的自己，而不是暗自卑微。你喜欢就去做，不喜欢就无视。毕竟身体胖瘦，买不到心里的那份惬意。

哪一刻你觉得自己很穷

1

在公司那栋楼里，总是能看见一个瘦弱的背影，穿着洗黄发皱的白色T恤，背着沉重而拉出丝线的黑色旧书包，将一米五几的身体压得更显矮小。她戴一副眼镜，留的小平头，走起路来，左脚是跛的，如果不仔细看，绝看不出是个女孩。

我中午吃完饭和同事等电梯的时候，正好碰到了她。电梯里气氛沉闷，大家都望着跳动的楼层数字发呆。到四楼的时候她就下了，走的时候还不忘转过身来，向我们其中一位同事打招呼。电梯关上后，我问同事："这是你们部门去年招的培训生吧，怎么现在还在培训呢？"同事利落地盖上手里的小镜子，抿了抿刚涂好口红的嘴说："她啊，有点可怜，从小没妈，爸又不管，只好边打工边学习了，穷得一天只吃两顿饭。"

我看着同事富态的身姿，见她一边把自己有点滑落的LV背包的肩带往上抬，一边招摇地走开。这一切和那女孩形单影只的穷酸背影形成强烈的对比，在我脑海中久久不能散去。当时我便在想，何为贫穷、何为富足？或许现实点来看，就是那个富有的同事做个头发的钱，能让穷的人吃三天的饱饭。而穷的人，果然连背影都是凄苦的。

2

某明星的女儿一个月的伙食费高达八万之多，而一个贫困家庭可能一年不吃不喝的收入加起来都不及此数。很多人生来就是含着金汤匙的，对他们来说，原生家庭就像是得天独厚的一片沃土，所以从一开始就有了贫富之差。

知乎上有一个高赞问答："哪一刻你觉得自己穷？"答主猫三娘子的回答让我觉得很有画面感。猫三娘子说，她父母离婚，没有生活费的她只能去食堂喝免费的汤。看着邻桌的情侣吵架，把一袋酱香排骨扔进垃圾桶时，她的心在滴血，因为她很饿，她很想捡起别人丢下的食物来填饱肚子。

哪怕她现在已身居国外，过着不错的小资生活，说起贫穷的滋味时，她依旧嘴里酸涩，难免想起曾经爸爸啃她没啃干净的鸡骨头，妈妈发现银行卡透支2000元而号啕大哭的情景。即使今时今日她能买房买车，但回想起贫穷的日子，依然哭湿了枕头。

贫穷如同一张蜘蛛网，粘住穷人的手脚，让他们做什么事情都有顾虑，都放不开。可是贫穷，它并不是什么值得讨伐的罪，因为很多人没有选择的余地，从出生就要开始接受它。

能从穷苦的生活中脱离出来的人，是很了不起的。一方面说明他们本身的心态一定是积极向上的，另一方面也表明他们对待生命的态度，是足够努力、足够认真的，不然，他们怎么能脱离贫穷这个圈子。

就像猫三娘子说的，如果她因为家里的种种原因穷得害怕，不愿上进、不思进取的话，可能她会永远这样贫穷到老。而她正是通过自己的努力，一步一个脚印走出贫困，坐在设备先进的实验室里，现在不但给父母买了房，还让自己的子女受到了良好的教育。这样的结果，无疑是经历过贫穷的她，打赢的最漂亮的一仗。

3

最怕的是富了身体，却贫瘠了心灵。

我认识一个人，姑且叫她D吧。D的家境虽不至于到家徒四壁的程度，但是家庭条件也非常差,算是普通人眼里的穷孩子。全家住安置房,爸爸做保安,一个月工资扣完社保只剩2000元;妈妈是清洁工,一小时赚20块。可命运仿佛特别眷恋她。在售楼部卖房子的时候,D和某个多金男子一见钟情,早早地结婚过上了富人生活。

以前D的朋友圈要么是恭祝某位哥喜提新房,要么就是夸赞某位姐人靓气质佳,出手大方,让她业绩往上涨。虽说总是被她刷屏让人感到厌烦,但这足以说明她是一个靠自己的双手养活自己的勤劳人。可自从她婚后辞职,在家做富太太起,她的朋友圈就完全变了个样。今天定位在某个高档的下午茶餐厅,摆拍着精致的甜点,明天又出入于某个奢靡的场所,那些价格不菲的商品一买就是几件。

刷她的朋友圈,会觉得有一种明晃晃的感觉——

"这一季的Gucci太让人失望了,买了十几件衣服,没有一件穿得出门啊。算了,还是拿去给我家Tom(她的狗)垫窝吧……"

看着那张新衣服铺满一床的配图,我在想,当一个人的财富呈几何式爆发增长时,是不是就会彻底改变这个人原来的生活方式。

消费能力在增长,思想能力却跟不上,每天只生活在灯红酒绿的尘世中,这样无疑会使灵魂变得空洞,再多票子又有何意义?穷不可怕,可怕的是心穷透了,再靓丽的外衣穿在身上,都会变得暗淡无光。

4

每次看到朋友圈有人转发众筹，我都会点进去，捐赠十元二十元，尽一点绵薄之力。那时候，我常在想，为什么有钱人宁愿将吃不完的喂狗，也不愿伸出双手拉一把身处悬崖边的穷人们呢。难道真是应了那句"朱门酒肉臭，路有冻死骨"？非要这样见死不救吗？

后来，我觉得这种思想似乎是一种道德绑架，富人并没有一定要帮助穷人的义务，而能让穷人变富有的办法，也并非授之以鱼，而是授之以渔。我不帮你是本分，帮你是情分。很多时候，身处弱势的人反而振振有词：为什么富人不拿点出来施舍？为什么穷人要这么穷？

比起富裕得徒有其表，我宁愿自己身处贫困，但是拥有充实的灵魂。相较于每天都抱着怨天尤人的愤懑情绪，我更愿自己穷得有志气，脚踏实地，找到自己奋斗终生的目标。这样，当别人再问我："哪一刻你会觉得自己很穷？"我能拍着胸脯，骄傲地说："我活得足够富裕，从不贫穷！"

你害不害怕到中年还一事无成的尴尬

1

一直不明白到底怎样的人生才算一事无成,是存款屈指可数,还是资产财富一样都没有?

人们对一事无成的定义太狭隘,好像没有钱没有权,人生就写着大大的"失败"二字,就约等于一事无成。

那些从小被教育要努力读书,要奋发图强,未来才有可能实现梦想,变得富有的谆谆教导,如今竟然被十几秒的炫富小视频抹杀得一干二净。"读万卷书,行万里路"的八字箴言,在网红风靡的世界里逊色了许多。

拜金主义跃然于屏,网红经济成为常态,太多人打着成功的幌子,却在极端的"唯物主义"的理论下过着人生。当在工地蓬头垢面干活的小伙子,笑着接过北大的录取通知书时,却不免有人话中带酸:"读那么多书有什么用,当网红比读书赚得多得多。"

2

其实这样的论调,就是如今浮躁社会的代表。很多人觉得读书无用,出来还不是一样要找工作,要朝九晚五过一成不变的生活。而当网红似乎就简单多了,唱唱歌、卖卖萌,坐在家里就能实现财务自由。

有一句话叫"好好读书不如好好整容"。读万卷书,还不如一张好看的脸有用,这是很多年轻一代对未来的认知,也体现了他们的价值观。当物欲主导着思想的走向,价值沦落成价格的囚徒,判断一个人的生命精彩与否,就很容易误入用金钱衡量的歧途:开的车如何,住的房子是否宽敞,腰间是否缠万贯。人生上半场才开局,很多人就在金钱物欲的面前败下阵来。

现代人总是太过焦虑,年纪轻轻就筹划着未来几十年后的生活,觉得自己一定要达到某种意义上的成功,人生才不算白活,可是这些所谓的"成功",大多离不开金钱二字。

时常听到一些长辈们的谈话,觉得无法苟同。他们总喜欢以"百万富翁、千万富翁"这样的称号来形容某某人,觉得人到中年,有钱才是一切,才算体面。

我十分厌烦那种功利性的交际，比如有些侃侃而谈的大人们，总让你主动接触对你上升有帮助的人，让交往变成加官晋爵的手段。诚然，有意为之的交际通常可以让人走向更高更好的社交圈。但是，不可否认的是，人也很容易在一次次的饭局里变得越发油腻。这种一切都向"钱"看的人生态度，导致我们的核心价值观，仅用一个"钱"字就能概括，好像任何事都唯利是图。

3

认识一位长辈，年过半百，生活却和同龄人不太一样。他不抽烟也不打牌，最大的兴趣爱好就是登山、养花草、写毛笔字。在旁人看来，他是无趣的中年人，麻将不识，浓茶不饮，穿的衣服常年就那几件。他退休了也没买过一辆汽车，总是骑着他那嘎吱作响的单车往返于街坊，大家都觉得他看上去既可怜又晦气。

人到中年，因为没钱，就会被人认为是失败的，这究竟是他人生的失败，还是大众价值观的扭曲？其实，谁能保证有钱就一定能买到内心的富足与生活的快乐呢。

诗词大会里的董卿，让人们再一次刷新对她的认知。出口成章、诗词好句信手拈来，无不彰显着她的知书达礼，散发着馨香与自信。反观如今的大多数人，从门牙不齐的小孩，到青春肆意的年轻群体，再到历经世事的中老年一族，其中很大一部分人，都陷入了一种快速盈利的急躁心理中。

就拿那些拍抖音快手的人来说，什么东西火他们就拍什么。明明他们的胃装不下几片肥肉，还对着屏幕狼吞虎咽，大口地啃手里的酱香大肘子。不管是以呕吐结束，还是以无人问津作罢，这些人开始的目的就不太单纯，拍视频是为了吸引关注，变现赚钱。

而回看那些把"读书无用，不如做网红"奉为信条的人，他们甘愿把人生交给一堆无意义的数字，而不愿去填满内心，充实自己的内在。或许正如董卿在节目里所说的那样：你花在读书上的时间，以后的某个时刻，同样会全部回报给你。

不要总是幻想可以一夜暴富，也不必总是懊恼自己为何一无所有，年轻的你还有很多比金钱更有意义的事情要去做。来日可期，也请你万事都不要太着急。

我这人说话直,你别介意啊

1

我最烦的句式莫过于"我都是为你好/我没什么恶意/我说话比较直……"但凡以此类句子开头的长篇大论,基本上第一句都是打着"为你好"的幌子,接下来再以90%的篇幅,来数落你在他们眼里的种种不合格。能如此苦口婆心大喊"为你好"的人,不管他们说什么你似乎都得受着,不然就是你不对。

可是凭什么啊?这所谓的为我好,经过我的认可了吗?这就好比有人凶神恶煞地向你冲来,捏着你的鼻子说:"你的鼻屎太多了,让我来给你挖,你别动,我可是为了你好啊。"你就只能木讷地站在原地,把鼻孔朝向"好心"给你挖鼻屎的人。不管他用什么工具，就算把你的鼻子挖流血，你也要笑着说谢谢。

这种"为你好"，你不仅不能因为自己不想接受而反抗，还要逼着自己去接受这一切。我呸，这是什么狗屁逻辑的神理论？生活中，曾被这种逻辑绑架过的人请大胆举手，你要相信你不是一个人！

2

"良言一句三冬暖，恶语伤人六月寒。"很多人喜欢给自己所谓的"善意"穿衣服，可光鲜有礼的外表下，总是裹着一颗粗鄙而鲁莽的内心。

"来，多吃点肉，多夹点菜，多添碗饭。"有人总是这么对我们说。可是我明明不想吃肉啊，我吃八分饱刚好，再吃就真的很撑了。但我们又不能拒绝别人的善意啊。碗里多出的肉、菜以及新添的半碗米饭，搭配着我们愁苦的表情，面对这些"为你好的善意"，我们似乎总得硬着头皮吃下去。最后，不会拒绝的我们领了好意，却撑爆了自己的肚皮。

而这样的好意，已经算是"善意绑架"里最轻最温柔的一种了。有些"善意"更是扎心，他们劈头盖脸给你一顿骂，又恨不得对你拳头相向，我们和亲密的父母亲朋之间，总是充满这样极端的"善意"。你想要出去看世界，父母不许；你新谈的恋人，父母不喜；你刚找的工作，父母不愿。如果你坚持，最后他们便很可能大发雷霆，限制你的自由，阻断你与外界的来往，将你关进屋子里，让你哪里也去不了。只有在每天给你送饭的时候，才会为你打开那个小窗口，然后语重心长地告诉你："我都是为你好。"

3

我们的善意很多时候都用错了地方，因此这样类似于道德绑架的"为你好""给你帮忙"，恰恰是最让人哭笑不得的地方。你生气了，外人觉得多大个事啊，至于吗。你放任，他们又很可能变本加厉，把你的谅解当软弱。

假装的善良和肤浅的善意，永远不能称之为真善。这种所谓的"善意、好心"其实成分并不单纯。它包含太多逼迫、太多道德的束缚。真正的善意是懂得体谅别人，尊重别人的选择，也能站在对方的角度看问题，体会他们的心情。

听过太多"为你好"的善意论调，可就是觉得哪里不舒服，就像不合脚的鞋子，弃之可惜，穿着又十分磨脚。在这种看似善意，实则道德绑架的话语里，我们常常觉得喘不过气，因为这不是我们所能接受的。对于那些喜欢以"我这人说话直，你别介意啊"作为谈话开头的人，你只需回应："我介意，你还是别说了。"

我有三千好友，却无一人可求

1

前几日，我和一位读者聊天，他向我倾诉心中郁结："敲了几行字，觉得话太满，显得矫情，删掉。再敲了几个字，又太简短，显得高冷，还是删掉。这年头，回复朋友圈也变成了一道拿捏不准的哲学题。"

其实，他的困惑是很多人都有的。除去领优惠券、参加活动、别人推荐等所添加的好友，在朋友列表里，静静躺着的那小撮熟人密友，如今都已换上陌生的小头像。你不找我，我也自觉沉默。

我们正经历一种奇怪的现象：朋友圈的人在变多，而能交心的朋友却在变少。大家都恭恭敬敬地隔开一段距离，互相间最大的人情交往，不过是对方突如其来的小窗口:"亲,朋友圈第一条帮我点个赞,谢谢啦!"我们之间,除了点赞换礼物、节假日的群发问候之外,再无其他瓜葛。

而当某一天我闲下来,想要一探究竟这不断让我帮忙点赞的朋友圈里,到底藏着什么稀奇之物时,我才猛然发现,我们彼此的生活早已不在一个频道。都说朋友是一路结交一路丢,我们此时结识多少好友,就会丢失多少以前的好朋友。

2

"君子之交别谈钱,伤情更伤己。"我在朋友圈看到以前同学发的这样一条关于借钱的心得。她说她借了几千块给朋友,可她那朋友一拖再拖,硬是不还钱。起初她不好催促,只是旁敲侧击,结果都被她朋友搪塞过去。

时间一长,她难免觉得心慌,倒不是钱的问题,而是觉得互相之间的信任就这么没有了。后来,她三番五次地催促朋友,钱终于要了回来,可感情也走到了尽头。我不禁感叹万分,这世间看似最坚固的情谊,却经不起金钱的考验。

新东方创始人俞敏洪曾在演讲里说:"人与人之间只有永恒的利益,而没有永恒的情谊。"这句话听上去有些不入耳,但是放在如今这个物质的人情社会里,却像一把警醒的戒尺,时刻提醒人:再好的感情也别掺杂金钱关系。

一次借钱给你，你不还，我当你烦事缠身，忘性大；两次借钱给你，你不还，我当你贵人多忘，没放心上；数次借钱给你，你不还，我就当没你这个朋友了。金钱确实不能用来考验人之间的情谊，但可以试探出一个人的心到底有多真。

3

那些曾经海誓山盟的友情，后来一次次地被金钱打败，最后我们无奈，只能叹息一声。记忆里那个勾肩搭背，放学一起走，有钱一起用的人，早就不见踪影。没话可聊，也不愿再见，固若金汤的友情，变成风吹即散的沙粒。

"无人与我立黄昏，无人问我粥可温。"朋友千人又如何，同样无一人可聊。朋友屈指可数又何妨，交心知己永远相谈甚欢。

以前我总觉得那种守着午夜12点，就为了给对方送上一句生日祝福的行为有些矫情。但后来随着年龄的增长以及社会阅历的增加，如果有人能在大晚上为你送上一句祝福的话，反倒觉得暖心。

刷抖音的时候，总会觉得有钱人真多。男方给女方送的生日礼物，不是满后备厢的鲜花，就是极重的钻戒，这些明晃晃的礼物，很难有人见了不动心。可日子终究是平淡多于惊喜。比起豪掷千金，我更觉得如果能在对方心里有个位置，那才是最幸福的事。钱欲之欢，着实会在一时觉得真好，可真心难觅，知己难寻，金钱永远买不到真感情。

4

人生总有太多所谓的"聚会"。有人千里迢迢赴宴，只为与你见上一面。有人碍于情面，只能说些不关痛痒的场面话拒绝。总是看到一些在爱情里不受重视或在友情里被冷落的人，他们喃喃自语，心有不甘。

明明你情我愿的关系，最后却变成只有自己付出；明明三人的出行，最后却总有一人落单。生拉硬扯的关系，平行难相交的轨迹，爱情也好，友情也罢，当真要挥手作别时，最好的结局就是放过他人，也放过自己。金钱虽好，可别放进感情里，不然分道扬镳时，未免撕碎脸皮，空余叹息。

一段良好的关系应是如此：相聚时，我与你交谈甚欢，心照不宣；离别时，我祝你锦绣前程，你予我敬重三分。

成为爸妈之前,你要先长大

1

台湾著名的表演者金士杰,在《朗读者》这个节目里,聊起自己花甲之年喜得龙凤胎的事。他说,这让他感到"奇幻"。

年轻时期的金士杰拒绝用手机,出门骑自行车,穿着旧衣服,总是和这个世界反着来。他觉得世界是灰暗的,空气、水质等因素让他觉得失望,他说自己一个人在世就好了,根本没想过要迎接一个孩子的诞生,因为他没准备好,怕担不起这个重担,于是,抱有这样悲观情绪的他直到57岁才结婚,60岁才得子。

当面对镜头时,他也终于不再像年轻时那般狂傲,他终于准备好当一个父亲了。他说为了孩子,他把悲观藏在了抽屉里,他得学会乐观地看世界,积极地陪伴孩子成长。

他看似一副云淡风轻的样子,似乎轻而易举地就从悲观的人转变成乐观的人,我想他背后一定是有过许多挣扎的,挣扎着去尝试接纳父亲这个角色,挣扎着去面对现实。

谁不喜欢鲜活而稚嫩的新生儿,谁不喜欢一天天看着儿女长大?可是,生孩子之前,你有没有问过自己,你真的已经准备好承担起做父母的责任、成熟地面对未来有可能发生的一切了吗?

2

之前有个读者给我写了一千多字的私信,哭诉她被父母催生孩子的烦恼,那些字眼无一不透露着她的苦恼。她结婚两个月,双方父母便展开催生攻势。生肖相符,八字相合,良辰吉时,这些父母口中的好日子,都是要让她马不停蹄备孕的好时机。

她觉得茫然失措,她还想过几年只属于两人的生活,那些自己心里的诗和远方,在父母看来只是一种平添出来的矫情。因为生孩子这个永恒话题,她常与父母闹僵,双方都不让步,结果总是两败俱伤,不欢散场。那些从她口中说出的人身自由,父母统统归结为是她不听话、不孝顺、不成熟。

她终于哭了,哽咽地对父母说:"我只是暂时不生孩子,我到底犯了什么不可饶恕的错?"父母气得哆嗦,站起来,重重一巴掌打在她脸上。我问她孩子对她父母来说就这么重要?她说父母觉得结了婚就得要孩子,她可以不工作,但是得生孩子,不生孩子,会让整个家族蒙羞。

她父母的三观真的让人无法苟同。而在这个时代,更可悲的在于,孩子不再只是用来延续香火,而更是成为一种拿出去比较的砝码,这或许就是我们常说的鄙视链吧。

生儿子生女儿,可以拿出来比较一番,以此获得优越感;孩子长得黑长得白,也能让人得意一阵;哪个孩子报的兴趣班多、哪个分数考得高,也能让他们觉得脸上有光……孩子是爱的结晶,不是炫耀的工具啊。

3

很多夫妻因为双方父母的逼迫,不得不生孩子,可是由于育儿知识的欠缺以及缺乏自己为人父、为人母的责任感,经常会让自己的孩子受到很多伤害。

"因为被亲,孩子长疱疹,不幸离世""没人照看,孩子从11楼掉下,当场死亡""孩子被遗忘在车里活活闷死"……这样类似的新闻时不时就跳出来,让人触目惊心,不得不去想,他们身为父母的责任感去哪里了?

真的很想套用一个标题,来形容中国年轻一代的父母们:"在中国,每天有××亿的人枉为父母。"赶着结婚、忙着赚钱、急着生孩子,呱呱坠地的孩子对他们来说,好像只是一个完成了的任务,接下来,都交给爷爷奶奶抚养就好了。

曾经有一篇小学生的作文在网络上很红,作文里这样写着:"爸爸,其实我一直想对您说和我玩一会儿,而您就只会玩手机,您都快成手机的爸爸了。"这样的话语从一个小孩的嘴里说出来,真是让人感到心寒。

作为父母,承担不起育儿的重任,却又要被迫去扮演父母的角色,那反映在小孩子的身上,就是家教的缺失。不是有句话叫有怎样的熊孩子,就有怎样的熊父母吗?你教育孩子的时候敷衍了事,那以后你的孩子也必定是个缺乏责任感之人。当然,很可能你自己本身就是个"熊孩子"。孩子是父母的照妖镜。

那些年纪轻轻便为人父为人母的人,谁能够骄傲地拍胸脯说:我生孩子,不是觉得这个年龄该生了,不是父母觉得我该生了,而是我自己真的准备好了,要用一生的时光引导他向上成长。可现实是,能这样想的人少之又少。

4

钱钟书和杨绛的爱情,向来被人传颂羡慕。有一次,他们带着自己的女儿钱瑗去饭店吃饭，席间女儿一直望向隔壁桌。

杨绛觉得诧异，便问女儿为何一直盯着别人看。钱瑗说："妈妈，你看隔壁桌的那对父母在吵架。"夫妻吵架在常人眼里是一件多么平常的事情啊，钱瑗却觉得很奇怪，那是因为杨绛和钱钟书从没有吵过架。而他们这种恩爱的情感让钱瑗觉得父母、家庭就应该是这样恩爱、和谐的。

孩子是天真烂漫的，而他们父母婚姻的好坏，可以影响他们的一生。是想让孩子们耳濡目染一段不幸的婚姻，看到父母成天为了他们自己、为了生活争得面红耳赤，还是让孩子们自小感受的是一段良好的家庭关系，能看到父母爱情的美好，感受这世上的柔软，这取决于你。而且，你们的夫妻关系一定会影响亲子关系的，两个人自己都没过好，又凭什么让孩子过得好呢。

而我的那位读者，他们的二人世界才刚刚开始，便要匆忙地变成三口之家。想必等他们暮年衰老时，又该叹惋这辈子光顾着为孩子活了，关于两人爱情的浪漫，影子都寻不得。

很多夫妻并不是不够爱对方，而是他们在孩子面前，会自动弱化自己作为丈夫、作为妻子的角色，而把自己的全部奉献给了孩子。试问，一个连自己的生活都没有办法过好的人，又如何来教导自己的孩子好好生活呢？

她说:"我愿意。"

1

今天是我和Mannie在一起的第三年。

早在十多天前,我就盘算着今天应该以怎样的形式度过。毕竟,我们相识三载,彼此早已心照不宣。过去,我总是感叹时光为何如此缓慢,那些伛偻着的人啊,究竟是怎样度过这漫长而百无聊赖的岁月。

想象里的长久时光,一转眼已走过几番春秋。我们脸上曾经的生涩、羞怯,如今都变成了熟悉而美丽的微笑。时光忽然让人更加懂得珍惜爱情。

就像歌中所唱:"时光时光慢些吧。"时间跑得太快,转眼我们都已长大。我有几次戏谑地告诉她:"当你不敢不穿秋裤的时候,你会发现自己已经不再年轻。"当然这并不是执念于自己逐渐消逝的青春，而是更加感怀于两人共同的成长，要走过多少路，两个人才可以变得这么默契。

2

蔡康永说："什么是幸福？幸福就是你很快乐，但是又不会察觉，而默默地享受这一切。"

人有时候就是不能太聪明了，什么都懂，什么都算得一清二楚，生活还有什么值得惊喜的呢？当然，多数时候我管这种惊喜叫作幸福。

Mannie会问我为什么送她礼物，为什么要这样做那样做等，我都告诉她不要有那么多为什么。生活没那么多为什么，享受当下就好，刨根问底只会让惊喜感消失殆尽。数学家很多，但浪漫的数学家少之又少。当你精于计算时，就很少能感受到生活带给你的惊喜了。

我曾幻想过很多次爱情的样子：气势磅礴，轰轰烈烈？还是卑微至尘土，无论如何也激荡不起一丝涟漪，如一潭死水？爱不应该如此极端。爱情应该若潺潺溪流，悠远绵长；爱情应该是在冰天雪地，手拿一支火把，照亮彼此心窝。爱应该在喧闹里从容地携手，在平凡里造就非凡。爱情应该如此，生活也应该如此。

3

我是十分不待见表面浪漫的那种人，浪漫并不是要在万众期待里，喊给世界听"我爱你"三个字，也不是咆哮比赛。爱是发自内心的声音，在合适的时候，你就会将自己交给对方，而这种交换，是爱情需要的仪式感。

今天，我又想到了三年前和Mannie求婚的样子。当时为了给她一个惊喜，我老早就在网上买好茶烛、花瓣。然后又穿梭于这座小城市里的每一条街道，看似不经意实则刻意地探寻着哪一间店里的鲜花比较明艳，有时候都顾不了吃午饭。看看自己在爱情里笨拙但又认真的样子，内心充满了满足和幸福感。

趁Mannie不在的时候，我一个人坐在地上，思考着如何把花摆得好看，还鼓着腮帮子吹气球。我记得上次吹气球好像还是小时候了，而今天做这事的时候，都已经是要走进婚姻的人了。爱情会让你在刚刚好的时候，发现自己突然想要说出那三个字。

4

我们在外面吃过晚饭，天还未黑。为了不露馅，我极力掩饰着内心的激动，不让自己笑出来。同她走到单元楼下，我突然不争气地扑哧一下笑了。

她察觉到异样,问我是否瞒着什么事。我只是佯装平静,屏住呼吸,快速地按了电梯。

走到门口的时候,我突然觉得轻松了些。然后转过头让她在屋外等我,告诉她我叫她时她才可以进来。她似懂非懂地应下来。

我手里的蜡烛不停地晃动,滚烫的蜡液滴在手上,我忍住疼痛,颤颤巍巍地点起这个"I ♥ U"形状的蜡烛。那一刻我好开心,拔腿就跑到门外,给她戴上眼罩,牵她进来。这一小段路,我走得小心翼翼,却又幸福到满溢。

我这辈子从未如此结巴、支支吾吾过,不知在说些什么。我们两个人都喜极而泣,又像是胡言乱语的傻瓜一样,说着那些老套又甜蜜的话语。

等晚风都停了,等树叶都落了,我听到她说:"我愿意。"

Chapter 4

生活不总是尽如人意，
学会与这个世界和解

想要活出自我的人，不甘于平凡，也不会平凡。尽管生活不总是尽如人意，但是你的隐忍与犹豫，不是为了放弃什么，而是另一种不忘初心的坚守。

世事嘈杂，做自己就好

1

看到一个十年前的视频，里面将那些年脍炙人口的歌曲剪辑到一起，熟悉的旋律一下将人拉回到过去，想起自己曾经青涩的样子。十年前，我狂热地喜爱着孙燕姿，她的歌，几乎每一首我都会唱，而单单凭着那些时不时卡住的脆弱磁带，我也可以坐在矮凳子上听一整个下午。

除了孙燕姿的歌，还有林俊杰的《江南》、周杰伦的《七里香》等，那些张口就能哼唱的歌，它们记录着我们炙热的青春，也叙述着那个时代的我们难以忘怀的情感。

我时常觉得现在的时代缺乏一种情怀，每天都有层出不穷的歌曲出世，可就是难以触动心里的那根神经,总觉得这些歌曲没有温度,难以装进回忆的篮子里,因为它们着实冰冷。

我在心里感叹,十年前我们唱的那些歌,十年后我们依旧还在唱,这到底是我们太怀旧,还是我们确实在退步?

2

我总是在乘电梯的时候,听到陈奕迅唱的那首《十年》。他慵懒随性的嗓子,唱出了这首歌应有的感觉,多么期待有一天还有另一个"十年"可以唱。十年前我们在做些什么?这个问题好像本来就是伤感的,因为谁也不曾觉得时间飞快得又要开始回忆过去了。

十年前,我悄悄地拿着我妈的手机给选秀歌手投上过宝贵的一票。在那场盛大的选秀狂欢里,我们做着一些看上去幼稚,但又十分幸运的事,所幸的是,我们曾真实地经历过那些时刻。

十年的光阴似乎太过匆忙,匆忙到还没来得及好好欣赏,已通通变作了回忆。十年又太漫长,没想到一首歌也能唱得如此久。再听周杰伦唱道"能不能给我一首歌的时间",我突然十分怀念曾经。

再听现在那些制作宏大的歌曲,某某某和谁谁谁合作,设备多么牛,制作多么精良,可是最直观的感受就是不好听。一方面是我们的口味变得刁钻,另一方面是这些加了电音,做成各种混音的歌曲,再也无法触动我们。我们并不是青春的囚徒,我们不过是希望这些歌声能够真诚一点,有感情一些。

3

抛开音乐,电影、电视依旧给人这样的感觉。十年前,声名显赫的年轻演员都用演技证明了自己的实力,而如今,颜值在线,要挑起重担的年轻人几乎都演技不佳。我真的想不出用什么话语来形容现在炙手可热的明星们,我甚至叫不出他们的名字,他们活得更像是一堆好看的数字。

明星当然是万众瞩目、受人追捧的群体,以前那一票大腕有哪个不是稳扎稳打,用演技说话,靠作品出位的?而现在的明星先把人设铺好,把声势做得浩大了,再戴着面具出现,我们和他们距离太远。

想起过去那些明星,我们不自觉地说:"哦,他不是演那个谁谁谁的吗?"看着如今的这些明星,我们竟有些不知该说些什么的尴尬,只觉得他们长得好看,头发锃亮,衣领没有一点灰。

有一句话我觉得说得特别棒:"现在的时代,是从'演'到'颜'的时代。"看到这句话,我突然觉得自己好像已经衰老得不成样子,那些历历在目的昨天,其实早就烟消云散了,明明只是过了十来年,却感觉像过了一个世纪。

4

  不管是做人还是做名人,工匠精神是十分重要的。我不敢想象当下曝光在聚光灯里的那些面孔,他们衣着光鲜,练得娴熟的拍照动作里,藏着的空洞人格,这种人格是缺乏灵魂的深度支撑的。

  他们没有谈资,就只能把自己装扮得看上去很完美。我想他们是绝不会把自己的脸弄脏的,因为那样就谁也不认识他们了。

  这个时代好像达成一种共识,赚了钱就好,还要精神干啥,精神一文不值。走在阴雨绵绵的街上,听着孙燕姿唱《雨天》,昏暗的天空让人有种说不出的难过。原来不是我们太过怀旧,而是我们失去了往日的温度。

所有的不平凡，起初都很平凡

1

蔡康永在"蔡康永，给残酷社会的善意短信"里说道："15岁觉得游泳难，放弃游泳，到18岁遇到一个你喜欢的人约你去游泳，你只好说我不会。18岁觉得英文难，放弃英文，28岁出现一个很棒但要会英文的工作，你只好说我不会。"

1999年，年轻音乐家郎朗出现在明星璀璨的芝加哥拉文尼亚音乐节上。而他的出现是因为在表演开始之前，著名的演奏家安德鲁瓦兹因为身体的不适而不能登台，主办方焦急之中邀请了当时年仅17岁的郎朗救场。尽管他戏剧化地获得演出机会，却依旧以其精湛的琴技征服了在座的观众。当所有人站起来为他鼓掌时,没人知道这精彩的背后,是不下百次的准备,不下万次的刻苦练习。

在机会面前,我想没有谁会青睐于一个赤手空拳的人,就算是拳击比赛,也要你拳头够硬。

2

刘亦菲拿下迪士尼重磅巨制的《花木兰》真人电影的主演一角,可谓是华语明星历史上首次取得如此重量级的商业资源。要说刘亦菲能拿下此角色,并非天降奇运。她从小生活在美国,一口流利的英文不在话下。当其他女星还在为拍打戏而惧怕时,她却能在镜头面前,潇洒自如地耍着利剑。别人在片场嘻嘻哈哈,她却托运了几十斤的书,找个没人的角落,一头扎进书里的世界。

据说,迪士尼在过去一年,为了选定花木兰这个角色,在全球范围内面试了一千多人。要求则是会武术、英文流利、有职业素养,现在看上去就像是为刘亦菲量身定制的一场大戏。

然而这并非偶然,当别的女明星在红毯上争风吃醋,在社交软件上如鱼得水时,她却悄无声息地雕刻自己。这份幸运,她早就准备好去迎接了。

3

几个月前,我参加了一场考试,是一家不错的大公司组织的。我抱着试一试的态度去参加,最终只有六个人进入面试环节,却没想到我幸运地成为其中一个。看着其余的五个人个个都是身经百战、准备充足的样子,我一下就心虚了,因为我没有任何准备。面试要测试英文流利程度,要求具有深厚的文字功底,我都有惊无险地通过了。但是最后要求的专业能力水平,把我拒之门外。

没能选上是我意料之中的事,我从没认真地准备过,在全副武装的对手面前,我就像蚂蚁一般不堪一击。虽然后来我找到了不错的工作,但是那件事让我对机遇有了另一种认知。

这世间有因就有果,任何能够抓住幸运的人,其实都是过往足够努力的人。准备充分的人,有资格索要这些不平凡。

4

机会只留给有准备的人,有时候你一不留神,它就飞走了。你提前把每月的工资用掉,月末时看中一件称心的衣服,却只能眼看着被人买走;你从不检查钢笔里是否还有墨水,等坐在考场时,才发现自己无笔可用;你从不肯下功夫做旅游攻略，看别人在各地欣赏美景，自己却只能跟着大部队进出商店……

刘亦菲不会料想到有一天可以出演迪士尼电影，郎朗也不会猜到上帝会让他临时救场，从而名震四方。我们时刻悔恨为什么曾经的自己不努力一点，不认真一些，却从不愿意扎根现在，未雨绸缪。

就像蔡康永说的那句话一样："人生前期越是嫌麻烦，越是懒得学，后来就越可能错过让你动心的人和事。"那些看上去平凡的事情，往往藏着不平凡。

不够努力,一切都是痴人说梦

1

"我今年29岁,一事无成、一无所有、一无所知。"

收到这则留言时,我正饶有兴致地要吃掉盘子里最后一颗荔枝,却不料被这"三无控诉"惊得失措。我实在不解,究竟要到如何地步才会让一个人走投无路,才会让一个人对自己如此没有信心。

这位名叫叶子的读者口中所描述的生活堪比震后灾区,满目疮痍,又急待重塑。"我才29,还没玩够,不想恋爱,不想结婚,更不可能生孩子。唉,我都29了,工作辛苦,工资却不多,存款一分都没有。我觉得我完了,明年就30,还是要啥啥没有,真够失败。"

她炮轰式的倾诉，让我不知如何宽慰她。我问她："你有想过试着努力改变一下吗？""努力？我不想努力啊，我就想每天过得舒坦，一觉睡到自然醒，没事看看剧，出门逛逛街，最主要的是还能有钱花，哈哈哈哈。"

我一脸问号，顿时词穷。虽说努力这件事没什么值得炫耀的，但不努力，还成天做梦的人，别说生活了，恐怕连生存都难。

2

不努力是通病，现代人大多有此症结。说好和同事一起复习备考，别人已经开始刷题了，我却才开始预习。于是当别人问起复习进度时，我只好面红耳赤地怪天气、怪环境、怪脑袋不清醒。

人啊，偏偏是在自己被别人比下去的时候，才会发觉自己不努力。你兴许是被某个拥有清晰肌肉线条的中年大叔给刺激了，又或是被某个年过花甲、身体却依然康健的老奶奶刺激了，才想拿起哑铃，穿上跑鞋，可结局总是草草收场，半途而废。

电影《当幸福来敲门》是很多人都看过的经典影片。主人公遭遇了家庭变故、破产危机、生活不顺等一系列命运和他开的玩笑，但是他从未流露出一丝怯弱。

推销产品被拒绝，大不了去拜访下一家；被生活的石头绊倒，大不了站起来，拍掉泥土继续前进。就像片中那句话所说："不要被外界打扰，你心中有梦，应当努力去实现。"

努力与否，全在自我。你想过怎样的生活，就应该付出哪种程度的努力。不愿努力，只知抱怨的人，生活迟早要狠狠地把你踩在脚下，逼你就范。

等到你把自己磨得不再年轻，无法再为梦想奔走时，现实那一记响亮的耳光才会打在你脸上，嘲笑你的失败。也许到那时候，你才会唱出那句："啊，多么痛的领悟……"

3

很多时候，我们似乎就是不愿意逼自己一把，做任何事都是三分钟热度。看书十分钟，玩手机两小时，顺道自拍一番，修图一阵，在朋友圈做一个看上去很努力的人。要不然就是下班回家，鞋子一脱，双脚一蹬，贪婪地躺在沙发上，点外卖，刷小视频。如此日复一日，直到完全丧失做饭的兴趣，丢掉生活的能力。

而究竟是什么样的心态，造成了我们不愿努力，生活不顺的局面呢？那些把年轻当作浪费资本的人，在把生命消耗殆尽后，最终一无所获。他们狼狈的模样，真是想想都让人觉得心酸。

古有孙敬、苏秦悬梁刺股，也有韩愈焚膏继晷。这些人拼命努力，从晨曦微露到皓月东升，他们历经艰难，才成为一代名人。那身处现代、掌握科技、享受便捷的我们，为何连古人也不如。其实，不愿努力是一层原因，而不知往何处努力是另一个原因。

年轻一代大多是从象牙塔走出来的，社会责任感弱，人生目标模糊，对未来的规划更是不清不楚。在这样的时代背景下，那些做事有条不紊、有明确规划的人就很容易出挑，而缺少自我引导、迷茫的人群就很容易陷入自暴自弃的境地。

手里做的事情不喜欢，想做的事情又不愿去实现，最后干脆躺倒在地，将自己全盘否定，觉得整个人生都注定一败涂地了。努力啊，不仅仅是要你迈开步伐，更要你看清方向，找准发力点。

4

惊叹于别人为何能把生活过得精彩，却哀叹于自己的人生为何如此寡淡，可是，不愿努力，不做改变的你，又怎能跳出这个尴尬的怪圈？

你没有过上想要的生活，不是不够资格，而是你不愿给自己一个承诺。你对未来没有期许，经不起一点风雨，一个小坎坷就能让你对自己失望。可是这世上终究没有一种解药,可以治愈你不愿努力的怪病。

纵使别人苦口婆心一万句,都不及你自己行动一次。再好喝的鸡汤都可能烫到嘴巴,总要你亲自去试,才知道它到底是何温度。

真正的威严应该是谦卑有礼，尊重别人

1

凌晨四点半，我睡不着，穿着睡衣站在窗前发呆。天未亮，大马路上就有零散的几个环卫工，他们包裹厚实，脚步迟缓，一路扫着落叶。冬日的凌晨就像是冷饮里加了冰，只有更冷，没有最冷。我就算穿着厚重的珊瑚绒睡衣，隔着窗户，都能感受到这世界此刻的凋敝与寒意。

我在窗明几净的屋子里，俯瞰着马路上这几位埋头清扫的环卫工，心里顿生复杂的滋味。想起时常发生的一幕，某某人丢了纸屑，扔了果皮，被保洁人员提醒，反而理直气壮地说："我不扔，你连工作都没有！"这句话如同一把尖刀，直扎进保洁人员的心。

我们从小被教育如果不好好读书，将来就去扫大街、捡垃圾、收废品，仿佛这世上，只有衣着光鲜、西装革履，坐在屋子里不用风吹日晒的工作才算是工作。

"职业不分贵贱"这句话说着真的很顺口，但喊出这句话的人未必能做到平等地看待每个职业。我一直觉得每一个职业都值得被尊重。

2

最近，青海大学附属医院里一个43岁的大夫，因为夜班接诊38人过度劳累猝死的新闻犹在耳畔。

很多人对医生这个职业存在着说不清道不明的感情，总感觉和这个群体有距离感。他们叫打针，我们不敢吃药，他们说多喝白开水，我们就乖乖扔掉手里的饮料。

在医生面前，我们总是像一头等着被急救的猪。可是深入了解医生这个群体时，你会发现，他们其实也和普通职员一样，有奉献精神，也有牢骚抱怨，而并不只有口罩后面那一张说一不二、做着冰冷表情的脸。

去年我有一次不舒服，夜里寻医问诊，本以为无望，准备次日白天再来，没想到不少屋子还亮着光。一位年纪很大的大夫为我诊断后，给我开了一服极苦的中药，微笑着说药到病除。我觉得投缘，遂与这位老先生闲聊一番。聊过之后，才知他长年都是白天手术，夜晚坐诊，全年无休。而他已经六十有余，戴着厚厚的老花镜，用碳素墨水写出来一张张药方，虽动作缓慢，却铿锵有力。

我问老先生为什么不休息，他的回答令人动容："我18岁学医，几十年如一日，从没想过退下，这是我的职业啊，好多人需要我的。"我突然觉得心头一暖，原来医生并不都是医闹纠纷里蛮横的主。我曾经脑海中所设想的，穿着白大褂，配几服药，光明正大宰病人的庸医形象，在这个老先生的鲜活的人格下，瞬间瓦解。他们同样奋斗在一线，很多医生的收入也并非想象中那样不菲，我们无端嫉妒，只是因为不了解罢了。

其实，和那位老大夫一样恪尽职守的医生不胜枚举。一段紧张的医患关系也许是因为沟通不畅、了解不够导致的。你只看到别人跷着二郎腿，写几张药方就能赚钱的样子，却看不到别人浸着汗珠，手术一台接一台的劳累模样。没有哪种职业特别轻松。

当然，你也无须感动得涕泗横流，只需在面对陌生职业的时候，多一点包容，多一份尊重。

3

知乎上有人问："有没有特别轻松又特别高薪的工作？"

我当即回复:"有,做梦。"

2015年3月,36岁的IT精英张斌因为工作过度劳累,猝死在酒店的马桶上;2016年6月,天涯社区副主编金波,因为工作加班,时常熬夜,猝死在地铁里;2017年2月,途牛旅游预订中心的副总经理李波,突发心肌梗死去世,年仅44岁……

每天都有许多这样的事情发生,他们正值壮年,壮志未酬却先离世。生命没有交给妻儿,全都奉献给了工作。这世上也真的没有你认为的那种只需跷着脚数钱的工作,就算是银行柜员,每天数那么多钱也不是自己的,他们也时刻要暴露在监控下,上个厕所也慌慌张张。但凡是工作,都没有十足轻松的。

读者柑橘给我留言,说她相亲了。点菜时,男方对服务员呼来喝去,她好奇地问为何要这样。对方给出的回答是,职业分三六九等,人分高低贵贱,所以不必尊重他们。她当即反驳,两人不欢而散。她问我她做得对吗,我说,不尊重别人工作的人,有再多的钱,也买不来别人对他的尊重。真正的威严不是让人表现出对你的怯懦,而应该是谦卑有礼,尊重别人,让别人在与你的相处中,如沐春风。

世界只会拯救那些愿意自救的人

1

　　半夜两点,你还清醒不想睡,握着手机,嘴唇微张,奋力刷着社交圈。在收藏夹里落满灰的"减肥八条""PPT制作大全""此生要看的十本书"等课外充电指南,它们从未被你想起过,反倒是攒了半年的肥皂剧和浮夸的综艺深得你心。

　　你不时愤慨,为什么这人身材那么好,为什么他的生活那么棒,为什么别人可以在日落的海边排解惆怅,而你却只能在快要塌陷的沙发上独自发胖。

　　你的为什么太多,就是恰好全都不能实现。空想是你的常态,不愿落地是你的姿态，而愤世嫉俗的通病，你正好也有。

从未想过自我拯救的你，总是蹲下来，张开嘴，渴望天上掉下来的馅饼正好砸到你。可是你不知世界从来奖惩分明，你的自暴自弃、听天由命，这所谓的"世界"其实都看在眼里。

那些拥有好身材的人，每次在你大快朵颐的时候，他们却悄悄地汗流浃背，锻炼健身。那些看上去云淡风轻的美好生活背后，都藏匿着你不曾想到的艰辛。

世界向来只拯救那些愿意自救的人。而只会抱怨，不停哀叹的你，只会把别人的成功都归功于运气，全然忘记自己浪费生命的时候，别人有多么拼命。这么被动的你，就算上帝站在你面前，又凭什么要帮你？

2

朋友小君，曾经在别人努力的时候呼呼睡大觉，如今时常工作到天亮。

上学时，她是典型的学渣，蒙着一本厚厚的书，沉浸在她的春秋大梦里，不流满一桌子口水绝对醒不来。考试得28分，作业从来不做，跷着二郎腿啃鸡翅，老师拿她也没辙。她就像是一条煎熟了的咸鱼，就算翻过身也还是咸鱼。

当我们都以为她注定一直浑噩下去的时候，却不曾想到有一天她也能满血复活。小君喜欢看小说，不管是文学巨著还是网络小说，她总是看得津津有味。要说毕业这么久，百无聊赖的生活里，她一事无成，可偏偏文字成了她自我救赎的良药。虽说是消遣娱乐，但看的时候她会做笔记，几本厚厚的本子上，密密麻麻地写下的都是她这些年看小说的心得。她会拿起笔生涩地写，以前在空间里写，后来在博客里写，现在在一家文化公司里身居要职，专职写小说。

她把自己的故事写成一本书，给儿子读。在这个世界都对她失望透顶的时候，她还愿意硬着头皮，开始踏步走。我和她聊天的时候，就觉得她这个人虽然99件事都不成功，就是那一件事却做得很成功。就像她说的："人长大了，总不能混吃等死一辈子吧，别人给你的终究是施舍，而你自己创造的才会是财富。"

我突然觉得特别扎心。很多人一旦迷失，就永远找不到回来的路，因此常常将错就错，一直走在歧途，过着无比丧的生活。可是人生哪有什么一帆风顺，总会遇到险坡沟壑。纵观那些成功人士，又有哪个不是曾经深陷泥淖，差点死掉，却不服输的人？

崴过脚的人选择停下来休息，不是因为害怕而选择不再走路，是为了下次出发能够走得从容。因为不管什么时候，成就你的只有你自己。

3

时常听闻某某人身患癌症却不放弃,每天坚持锻炼,最后战胜病痛。这样的新闻每次出现的时候,除了令人动容,更让人反思。是不是人必须到了弥留之际,才会有向死而生的勇气?是不是必须得有人拿着鞭子追着你跑,才能让你抬起双脚?

你的问题太多,可答案只有一个,那就是拯救你的永远只有自己。很多时候,我们愿意花500元的高价去听一个算命先生胡说八道,买一个心理安慰,却不愿花500元买一点站起来的勇气。

前几天刷屏的《同龄人正在抛弃你》这篇文章,读起来让人有一种焦虑,好像我们突然被定型了,注定要被同龄人抛弃似的。这篇文章的出发点是想让人努力向上的,但是那些要抛弃我们的同龄人,他们过得好与坏,他们富裕或贫穷,又与我们何干?

我们的故事从来都是自己来书写,别人无法代笔,而拯救我们的,也绝不是种焦虑的情绪,更不是同龄人的优秀事迹。

羡慕有马甲线、人鱼线的好身材,你就咬着牙去锻炼;渴望成为妙笔生花的作家,你就多读书、多执笔、多看世界;盼望去美好的地方惬意抒情,你就做好功课、定好闹钟,勇敢踏出那一步。总幻想世界会围着你转动,无疑是痴人说梦。不停埋怨世界对你不公,更是逃避的一种愚昧表现。

世界从来都是公平的角斗场,是甘拜下风,还是拔得头筹,全凭你自己。世界也从不是掌管人生好坏的工具,能让自己变好的能力,其实就在你手里。

服务意识是个好东西,你该拥有

1

朋友过生日,请我们吃小龙虾。去的路上我就开始吞口水了,幻想着剥好一只虾,再将它缓慢放进嘴里咀嚼的畅快感受,可以说是迫不及待想吃到小龙虾了。而美食区一到晚上就拥挤得很,我好不容易找到一处空位,准备停车,店里的服务员便疾步走过来,站在一旁,拔高声音说道:"这里不要停,不要停哦。"我探出头说:"我们是来吃小龙虾的。"她瞬间咧嘴,一边打着手势,一边笑着道:"来来来,还远得很,继续倒。"

我走进店里,站了几分钟,才等到一桌堆满虾壳的空位。服务员三下五除二清理完堆积如山的残渣,顺手将盛满垃圾的塑料桶放在了我们要落座的椅子上，桶底还沾着几张卫生纸，这让我们感觉心里怪怪的。

我笑着对服务员说："小哥，垃圾桶还是不要放椅子上吧，看着不舒服。"他没理我，面无表情地把垃圾桶挪到地上，踢到桌下，椅子上面还沾着垃圾桶底的脏水，令人无语。

在吃饭的过程中，我老是想到刚才那一幕，要不是小龙虾好吃，我真想当面给老板提出意见，我心里想：算了，看在小龙虾的分上。

2

读者平平和我说她最近遇到一件气人的事，她在校门口吃咖喱炸鸡套餐，点菜的时候，老板就一副趾高气扬的态度，让她快点。她坐在一隅等了将近15分钟，却给她端来一盘粗制滥造的冷饭。

"黏稠的咖喱、两块炸鸡，藏在半生不熟的冷米饭里，25元一份的套餐还不如7元钱的街边炒饭，老子看着就来气。"平平愤慨地倾诉着内心的不满。

"然后呢？"我问她。

"我当然还是好声好气地请老板帮我换一份，没想到他不知哪根筋不对，对我破口大骂，让我滚出去。我和那人大吵一架，愤然离开，他还追出店门大喊说，刚才恨不得给我端出一盘屎……"

这样的就餐经历，换作是谁都得把肺气炸。

"贵就不说了，服务态度那么差，鬼才去吃！"平平还是难以平复心里的委屈。或许我们都曾经历过和平平一样的遭遇，明明是花钱的主，怎么就变成了受罪的羊？

3

在这个社会里，"服务意识"四个字的存在感确实太弱了。这年头，顾客不像是上帝，而更像个傻子。卖水果的可以缺斤少两，店大的就可以欺客，快速消费的时代，服务形同虚设。

朋友想学拉丁，给客服打电话，对方让她加微信，说给她发定位，结果她在地铁站等了十多分钟对方还没发来位置，朋友打电话过去，对方一句"我忘了"把她晾在那里。我去食堂吃饭，两个工作人员并非故意，却当着我的面讨论说"肥肠恶心，里面装过屎……"吓得我赶紧放下筷子。

服务是一种很细化、很微妙的东西，你得脑袋里有服务别人的意识，才会在行动上体现出来。

在东京，我曾看到过这样一幕：贵气的奢侈品店里，满载而出的顾客，提着心满意足的商品，昂着头走出商店，几个销售员赶忙跑出去，90度弯腰送他们离开。第一次看见这样的服务时，我挺惊讶的。

好的服务是非常难能可贵的，有这种态度的人能准确地认清自己角色的定位。不是说只有做生意才需要服务意识，我们每一个人都应该具备这样的一种品质，它隐藏于你待人接物的态度中，展现着你作为一个社会人成熟的风范。

都说学好数理化，走遍天下都不怕，要我说还不如树立自己良好的服务意识，养成成熟的服务态度，更能让别人愿意接受你、走近你。

健康的你,早已是百万富翁

1

为什么医生会被称为"白衣天使",而不是"黑衣天使""彩虹天使"?诚然,这和他们的着装有很大关联,可细细感受的话,白色似乎传递的是一种平静而冷清的气息。医院这个洁白而又让人感觉生冷的地方,就是这样充满着"白色恐怖"的氛围。

白墙、白衣、白床单,一个个形单影只的"白色"病人,甚至干脆连疾病也都和"白"字相关,白内障、白血病……白色难以让人想到天使,反而容易让人产生惶恐、阴冷的感觉,就像脸谱戏里白脸的曹操,冷漠而诡诈。在医院很难优哉游哉地闲庭散步,大多数人的脸上都被焦灼占据。

因为爷爷生病住院，近段时间我们总是往返于医院，自然有许多难以言喻的伤痛感蔓延，每时每刻都在揪心。疾病让人失去往日的所有骄傲，像砧板上的鱼，任由摆弄，一点点摧毁着人类最后的单薄意志。

每次从医院出来，我都会在心里感叹健康的重要性，以及钱财的苍白无力。于是便不解那些为了成为百万富翁，没日没夜地工作，用身体创造财富的人们，他们究竟是有多么爱钱，才要用生命去换那一丁点的在社会上立足的安全感？

我们拼命去打捞水里的月亮，然而我们本身已拥有月亮。健康的人正是这样幸运地拥有月亮的人，那为什么还想着削尖脑袋去变成百万富翁？健康的你本身就是百万富翁。

2

某年某月，某集团创始人猝死在岗位上，年仅40岁……这样的新闻屡见不鲜，总是时不时地跳出来，像警钟一样，提醒着我们健康的重要。

很多人的手机里都关注了不少健康类的账号，各类养生讯息，各种健身技巧，不管真假全部装进自己的收藏夹，最后又批量地清除。然而更加戏谑的是，每当这类某某猝死的新闻一出，很多向来漠视健康问题的人，开始在这样严肃的氛围里插科打诨："趁有限的时间，熬无限的夜""昂贵的保养品，只有晚睡才能体现它的价值"。这样不知所谓、无法让人苟同的话语时常出现，这并不是娱乐精神的体现，而是对健康的不正确认知。

　　去年，我有一段时间不舒服，喝了很多中药，喝到后面我都打趣地称中药是珍珠奶茶，好让自己下咽时，暂时忘却那些涩苦不堪的体会，那时候我才深刻感受到健康对于一个人来说是多么重要。因为包里的票子、最新款的手机等，那些东西在健康面前一文不值。所以，为何总要把健康作为自己赚钱的筹码？健康和金钱不是鱼和熊掌，并非一定要舍弃一样。

3

　　关于健康我有几点小建议：
　　（1）多锻炼身体，保持活力。
　　运动是我认为保持健康的最重要的一点。当你酣畅淋漓地运动时，全身的筋骨都会被打开。时常有很多人问我，到底有什么诀窍可以成功减掉60斤，等同减掉了一只憨态可掬的小猪的重量。我一定会告诉他，是运动。
　　我个人认为，没有哪一种减肥方式是比运动更科学有效的，看过很多年纪轻轻就挺着大肚的男男女女，我们常说胖不好，并不是因为胖不好看，而是因为胖会给我们的身体带来很多负担。
　　"不要在最好的年华里成为胖子"，想表达的意思是提醒我们要注重健康，而运动锻炼就是可以让我们变得健康的好办法。多锻炼，没事别待在家里，出去跑跑步，哪怕出去走一走也好。

（2）迈出步伐，看看外面的世界。

旅行有多重要，出了门才知道。我把旅行看作我生命的一部分，人不能不去旅行，就像人不能不呼吸。旅行是缓解压力、梳洗内心最好的途径，不管是哪一种风土人情，我想总是生命里不可剥夺的珍贵记忆。

旅行在外的人，仿佛自然而然地就能告别各种疲惫压抑的状态，整个人看上去充满活力。旅行让人的内心释放出与往常完全不同的电波，这无疑是让人心情愉悦的东西。拿出一张地图，看看哪一方土地让你心驰神往，就去那里看看。工作不是生活的全部，拥有好心情、好身体，才能让你走得更远。

（3）适当解压，看电影、听音乐、读书都行。

雨天和什么最配？我知道你要说巧克力。雨天当然应该窝在沙发里，看一场电影，听一张喜欢的专辑，或者读一本早就想读的书，这是长久以来，被工作、生活压得喘不过气的我，最好的舒缓方式。

如今多数人的休闲生活都贡献给了麻将，可是酣战一圈下来，除了腰酸背痛，其他一点好处都没有，更不用说排解压力了。

过度的精神集中，脑力消耗，使得平常本就疲惫的身体完全不得放松，这无疑是健康的无形杀手。何不在空闲的时间做做其他事，只要不是单纯地让自己处于同一种循环里，都是舒缓身心的另一种福音。

（4）少吃快餐垃圾，拒绝烟酒。

平常的生活节奏本来就挺快的，没什么时间好好吃口饭，饭的质量也日益下降。油腻的快餐盒里盛满了杂乱的菜品，配上勾兑出的劣质饮料，每天下咽的不是食物，而是垃圾。

在这样的食品条件下，还烟酒横行，不是喝得烂醉如泥，就是香烟一包接一包，从不间断。而你的健康就像被点燃的香烟，吸得越多，健康越少。因此，想要健康，就要从良好的饮食习惯开始，少抽烟、少喝酒。

（5）给自己买一份保险，安全安心。

有句话说得挺有道理的："当你真正生病时，拯救你的甚至不是你的亲人，但一定会是保险。"

面对日益污染的生活环境，总会让我们对自己的健康产生担忧。在这样极端的环境里，各种病症越发猖獗，谁也说不准自己哪天会遭遇不幸。

于是在这样的情况下，保险就显得尤为重要了。人不仅要学会及时止损，更应该学会未雨绸缪。为自己的健康上保险，我认为是很有必要的。

4

李开复大病初愈后，向世人讲述他与疾病抗争的过程，他说很多药连医生都没听说过，可是为了活下去，他不断让自己积极地参与进治疗的各个环节。以前他从未对健康如此渴望，现在却深刻明白它的重要性。

俗话说，最大的痛苦是人死了，钱没花完。这句话的背后透露着一些人对钱的态度。其实真正到了生死关头，谁还在意那些如数字般冰冷的钱财呢。你可能会说有钱怎么不好，生病了可以用钱治啊，可许多疾病，即使你有再多钱也束手无策。

金钱和健康之间看似等价交换的背后，我却无法苟同这种漠视健康问题的态度，钱能和身体相提并论吗？当你觉得自己一无是处的时候，我建议你去医院走走，看看躺在病床上一动不能动的人，看看插满管子、无法进食的那些伤患，他们哪里还有什么欢声笑语，恨不得把所有能够交换的东西都拿来典当，挽救自己的健康。

健康的身体很重要，这句有些烂俗的话，却告诉了我们对待生命所应有的态度，别总是幻想着要多么富有，你的健康已经让你坐拥百万。如果有人用一百万来交换你的健康，你愿意吗？你当然不愿意，因为健康就是你的财富，别人羡慕不来的。

房子是租的，但生活不是

1

房子是住的地方，可有多少人能靠自己的力量买到房子呢？多少人省吃俭用，只为攒下钱，在北上广这些充满幻想的都市里，寻觅一寸栖息之地。然而现实是，挣钱的速度永远赶不上房价变脸的速度，最后的结果是永远付不起首付。

有一种错觉是，房子没有扎根在地，而是压在我们每个人的身上，让人如同蝼蚁般卑微而可怜。很多人不是在为自己活，更像是为了房子、车子等物质在苟活。

2

记忆里的成都，应该是在清晨里，会飘着一股淡淡的栀子花香味。商贩挑着担子吆喝，趁热叫卖着麻辣豆腐脑。旧旧的街道边上，惬意的人们坐在自家门前，开始聊家长里短。

但是不知从何时开始，古朴的成都都染上了一层商业的气味。高耸而立的大厦突然出现在眼前，仿佛在挑衅地看着在它脚下不断匍匐的人。

一首耳熟能详的歌曲《成都》，把巴蜀的欢愉都唱给外人听，让人觉得成都的生活就是走到玉林路的尽头，坐在小酒馆里喝一碗盖碗茶，看一出别样的川剧。但是这些美好都只是曾经的美好了，现在走在成都的街上，只有疾驰的汽车、拥挤的房屋和比雾霾还让人难以呼吸的厚厚的泥尘。真的有那么多人需要房子吗？

3

终于，我搬进了新家。设定的闹钟还未响，我妈就把我拖起来，勒令我动作麻利点。我揉着惺忪睡眼，难掩内心的激动，朝自己的小家走去。

走在路上，看着人潮来去，那一刻我忽然有点明白，人为什么拼了命也要买房子。对许多人来说，有房子才意味着有家，而家和房子就如同共生一般地存在着。可是，没有房子，真的就不配拥有家吗？这点我极其怀疑。房子并不能为我们提供什么有品质的生活，但是家可以。

对清洁卫生有高要求的母亲，把屋子里的每个角落都细心擦去灰尘，一边教导我以后对厨卫、卧室、客厅的不同清洁方法，一边让我拿碗去盛刚煮好的汤圆。为了庆祝乔迁之喜，晚上大家又聚在一起，吃着喷香可口的饭菜、喝着醇香的酒酿，说到高兴的事情时，大家都哄堂大笑，空气里弥漫着融洽而醉人的甜味。

临睡前，我趴在窗子上，看外面灯红酒绿的世界，我在想，就算这夜色再纷繁美丽，也抵不过眼前的小幸福。这是家，是无比确信而单纯的温暖。就像微博上那个把出租屋改造得如同日式小屋一般温暖的女生，她的房子不也是租的，不也是小小的吗？可同样是在外工作，同样买不起房，为何别人能把日子过成一首诗呢？

我想，这无外乎是一种对生活的热忱，对生命的厚爱，而不是一味地追逐着物质，舍本逐末。诚然，房子很贵，很多人的积蓄可能连几块砖也买不起，只能租住在别人的房子里，可这并不妨碍我们找到家的温度，还有每天回家时的喜悦。租房子可以，但生活是自己的，生活不能出租，我们也不能苟活。

妈,你不要悄悄来帮我打扫卫生了

1

如今有一项很流行的体验:利用现代科技,让丈夫体验分娩的疼痛。视频里的准爸爸们正襟危坐,却无一例外疼得汗珠直冒、惨叫连连。人说疼痛分等级,而生孩子的痛感在最高级。

纪录片《生门》里描绘了一幕幕惨痛的孕育场景,有换血几次、生命垂危之时,仍要保住孩子的大龄产妇;也有患着糖尿病,挺着大肚,等着上手术台的新手妈妈。

生儿为母,是一种赌上性命的磨炼。这些初出茅庐的妈妈并没有意识到,好不容易闯过了分娩的生死关卡,往后还有更漫长的岁月,注定要耗在孩子身上。

网上有一个问题很火:"哪一刻你觉得母亲老了?"一条回答直击人心:"当我变得足够勇敢,愿意迈开步伐去寻找远方的时候,她却突然不能紧跟我的步伐了。"

我们极速成长的同时,有一种不可逆转的结果是,母亲蹒跚的脚步,再也赶不上健步如飞的我们,于是她们只好停下来,眼巴巴地看着我们走远。母爱越往后越是无声,越是无力。

2

我和妻子出门旅行的时候,怕下雨,走之前锁好门窗。我都能想象到,回来推门的那一刻,屋子里因为久闭不透风散发的味道。

通常,就算我们有再小的心思,也时常被母亲轻而易举地猜到。当我们拖着行李,疲惫地推门而入的那一刻,却觉得屋子里仿佛通过风般,空气清新。地板亮得可以照出影子,家具上看不见一丝尘土。我知道,我妈又悄悄来打扫卫生了。

"妈,不是说好不要过来给我们打扫卫生吗?我们自己有手有脚的,知道弄。"我给妈妈打电话时,心里有些庆幸,语气却带着一丝埋怨。

"哎呀,反正没事,你们出去要几天,回来累得很,看到家里干净,心情都要舒坦些。"我早就猜到她会这样回答,她的心情我都明白。

人说世上有一种谎言是甜蜜的负担,那便是母亲所撒的善意的谎言。"我一点不饿""我吃过了""我有的是钱""我身体倍儿棒"……从她嘴里说出来的自,就像一个超人,无所不能。可就是这样坚强的她,也会因为忘记带伞而淋一场雨。不过是我们说的话,她们怕忘,才时刻记在自己心里的那个小本子上。

以前觉得母亲的爱很让人费解,因为想不通她们为什么总是一味地付出,却不求回报的样子。后来长大了才明白,我们就是她们生活的重心。我们好好的,对她们来说,便是一种莫大的安慰。

3

女子本弱,为母则刚。看一则报道说,两岁幼儿从十多层高楼坠落,站在几十米开外的妈妈,迅疾冲过去,稳稳接住他。别人戏说这样的速度比奥运冠军还快,可是他们不知道,在母爱面前,任何奇迹都有可能发生。大多数时候,母亲这个角色是要承担很大压力的,那颗柔软的内心总是被她藏在佯装镇定的面孔之下,她不得不坚强给我们看。

采访过一位初为人母的年轻妈妈,二十几岁的年龄,背包里塞满了纸尿裤、奶瓶、奶粉。我问:"你这么年轻,做了妈妈,会感到有压力吗?"她思忖片刻:"压力是有,虽然很辛苦,但现在觉得很满足。"曾经逛街、购物、打麻将的时间,如今变成喂奶、哄睡、换尿布。

要说是生活改变了一个人,倒不如说是爱造就了一种生活。曾经撒欢大笑的姑娘,如今挽起袖子做家务,或是温柔地轻拍着怀里熟睡的孩子,脸上写着"母爱"二字。这一幕看上去有些好笑,又有些温暖。

就像我母亲,她并不懂得一些词语用句,甚至看不懂一篇文章到底要表达什么意思。但她依旧会逐字逐句、认真地看完我写的每一篇文章。

我问她:"你知道哪些文章是我写的吗?"

她说:"我知道啊,就是标注了'原创'两个字嘛。"

"你会认真地看吗?"我问她。

"会啊。那些不是你写的文章,我就跳着随便看看,然后滑到最后,点一下那个小卡片,你说那是你的奶茶钱,哈哈。"

我心里震颤一下,脑海里霎时出现一幅母亲拿着手机,眯着眼睛,一边看我写的文章,一边嘴里还嘟囔着读出来的画面。她的对话框、朋友圈里,被我的文章占满,她的生活围着我的生活打转,她从来不曾为自己活过。

有时候想想母爱真是伟大,就是给予,就是付出。这样纯粹的奉献,让人时常感到哽咽,觉得说不出话来。

4

看了一篇文章叫《没有母亲的母亲节》，很是感人。虽然很多例子都在告诉我们别做"迟孝人"，可面对物质的世界，活在物欲的圈子里，我们总是把这些珍贵的情愫藏在心里，用金钱封住出口。你拿给她的钱，她一分没用；你给她买的衣服，她连吊牌都舍不得剪。她要的不过是你坐在她身边，和她好好说话。

母亲节每年都有，但这个节日实在不该成为一种形式，因为365天的每一天，我们都该好好爱母亲。永远不要等到物是人非的时候才追悔莫及，那太迟了。

我想用我写过的一首关于母亲的小诗作为结束：

烟海之坠，不及你轻舟逐澜，
浓墨深刻，多枉此隽永长流。
长不大的永远百感交集，
省不下的都已是兀自的白发。
淌着泪也数不清的债累，
是你无言的馈赠。
那些低落的时光寥寥几人能懂，

所有的牢骚都装进了母亲的口袋。

偶然翻阅过你年轻的容颜,

你抱着我浅笑,

我望着远处懵懂,

你的笑容永远无比美好。

愿天下的妈妈,都幸福安康。

食这人间烟火，情爱落地幸福

1

我多年来有个习惯，早上起来必喝一杯温水，一方面是有益健康，另一方面是我想不到有什么能够媲美白水，能够拯救我干涸一晚的喉咙。不知听谁说过，口渴的时候，就把水包在嘴里润润再吞，这样会更好地缓解口干舌燥之感。因而我总是含着水、鼓着腮帮子走到窗前，站在那里读秒，再咽下这清晨喝的第一口水。

有嘈杂的汽笛声传来，露出一截的太阳羞羞怯怯，爱人正捧起清水打湿惺忪的眼睛，让我递去手帕的声音从另一个房间传来，我咽下口中的水，帮她递去一大堆护肤要用的东西。

这些生活中的一点一滴，竟让我的内心有些温热的感受，真是文字难以描述的奇特，像是寒冷的冬天，跳进了铺上电热毯的被窝。

早晨的房屋里就有股烟火味，是谁家在蒸包子馒头吗？大好的时光，从这样的满足开始，既生活又诗意，我和爱人喜欢在一起消耗生命。

2

我们买菜回家，提着一堆青菜，据说多吃青菜可以促进新陈代谢。这样简单的生活知识，好歹也是我们向生活的图书馆讨来的。我们蹒跚着去接触生活的更多面，一边记在本子上，一边烙印在心中。

她做菜的时候，我在旁边帮忙，帮着洗干净土豆，切好苦瓜，剥好大蒜，然后茫然地拿着两种菜向她讨教，她正和滚烫的油斗争，嘟囔着把我赶出厨房。

落日的余晖洒落房顶，染红远处的那一片天。从视线的最左边慢慢地往右边看过区，每一幅画面在快节奏的生活里，显得格外别致。我们一起观看，打趣地聊着今天发生的事，偶尔指一指远方的风景。

窗户外面就能看见一家火锅店，那里味道不错，顾客也很多。对了，那家店名叫"两口子"火锅，我们总是不约而同地说"走，去两口子那里吃吧。"闪亮的招牌在傍晚显得分外明亮，仿佛可以闻到火锅那股香气，我说，兴许那就是人间烟火的味道吧。

车流勾勒出长长的红线，吃过晚饭出门散步的人三两成群，商店和餐馆闪烁着霓虹灯，静静地伫立在那里。

回家的人啊，在这些烟火里穿行，又在安好的生活里不断寻觅着属于自己的幸福感。这样的画面，光是想想，就会让人动容。

3

吃饱后，你让我再喝一碗汤，我咕噜一口下肚。灯光下的家常小菜冒着腾腾热气，这要是冬天，看着这些升腾的热气，一定暖和不少。

谁曾料想，盛大的婚礼誓言下，落到实处的便是你做饭，我洗碗，分工明确。我放着好听的音乐，混着热水，抹着金黄的洗洁剂，擦去油烟机里的残渍污垢，而这时，你早已削好一个完整的苹果等我。

雨天我们哪儿也不想去，就在楼下的超市随便买点零食，关上门窗，开着昏黄的灯，靠在沙发上，看一部温馨的电影。我每次提议的恐怖片，因为你害怕，从未一同观看。这样充满人间烟火的一切，当属于生命，当属于人间。

就如这白水，与酒饮相比未免寡淡，但是口干舌燥的时候，谁会以喝酒的方式解渴，记挂在心里的还不是那杯不足挂齿的白水。浓烈馥郁只存在于某刻，平淡才是真切。食这人间烟火，爱才可于平淡中落地幸福。

Chapter 5

所有的努力,
都是为了刚刚好遇见你

很多事情都是水到渠成的,急不得,躁不得。生活不会完美无缺,唯一可以抱怨的,是不够努力的自己。请把努力当成一种习惯,你一定会与美好的未来甜蜜相遇。

真正的成长，是在不动声色中变得强大

1

我一直寻思着成长是怎么一回事，是外在的生长，还是内在的成熟。年少时对成长的理解，终究只是零零星星拼接成的片面的印象。

每次谈及成长，我总会不自觉地想到朋友小林。以前小林是老师眼里不学无术的"坏学生"，家境优渥的他，每天上课的第一件事不是翻开书，而是脱下衣服。他觉得老师讲课太吵，索性脱下衣服，蒙住脑袋，呼呼睡大觉。我总是拿"活着何必贪睡，死后自会长眠"这样无厘头的话刺激他，试着让他花一点心思在课业上，可终是无效。

日子大把地耗着，突然有一天小林就消失在我们的视线里。我们纷纷议

论，猜他是否已经退学，后来才知道他父亲出了车祸，那段时间他一直在医院照顾他父亲。大概过了有两个月，小林重新回到了学校，却如同变了一个人似的，对待功课极其认真。

我们讶异于他的变化，那个贪玩的人再也不见踪影。他刻苦读书，成绩变得很好，后来出国去了知名的学校。再后来大家各奔东西，很多早就断了联系，还有一些最多也是朋友圈里偶尔的点赞之交。

可是，近日我收到他给我发来的信息，约我见上一面。我们约见在上学时爱去的那家餐馆。直到听他说起，我才知道当初他突然发奋努力读书，是为了不辜负父亲的期望。而如今的他终于也是不负厚望，考过了注册会计师，在待遇丰厚的外企里做着体面的工作。

他说的每一个字我都记得。他说："你不长大，没人替你撑腰。"觥筹交错间，望着他笃定的眼神，我突然觉悟。这是我第一次如此真实地感受到成长。一夜长大的人，历经磨难；一夜长大的人，百般幸运。

2

不时会有读者给我发信息，和我分享最近发生的一些事情，我每一条都会认真地看，通常也都会回复，只是偶尔忙起来的时候，就无暇顾及了。有一位读者三天前给我发的消息，我今天得空才看见。她说："兔尾哥，我在考了九次驾照考试后，终于拿到小黑本啦！"随即附上一张被摊平在手掌心的驾照照片。

我问她发生了什么，怎么一个驾照会考这么多次，她立刻就发了一连串的消息过来。其实她很早就报了驾校，只是生性随意，从没将驾照考试当回事，每次母亲催促她赶紧学车，她们都会大吵一架，不欢而散。

那怎么现在又想起来要去考试了呢？我不解发问。她说因为父亲常年在外打工，母亲因右腿不便，一直就在家照顾他们姐弟二人，可是最近她母亲一直咯血，去医院检查才发现已是肺癌中期。她拿着检查报告，绝望而焦虑地坐在医院的冷板凳上，哭出了声。

因为母亲患病，家里又比较困难，如果每次去医院都坐出租车的话，也是一笔不小的开支。但是她又实在不忍心让妈妈去挤公交。而且正好家里有一辆闲置的二手车，她索性又重新报考了驾照考试。

她告诉我，那段时间，天刚微亮，她就去练车，晚上把饭煮好，又急急忙忙出门学车。她觉得自己变得和从前不一样了，不再是那个只会和父母吵架、无所事事的叛逆女孩，隐约觉得自己有些长大了。

看着她一句话一句话地打出来，语句间不忘加一点表情符号，试图让这些看上去伤痛的经历变得轻松一些。我一时语塞，不知该如何回复她，最后回了她："真好啊，你终于开始成长。"

3

  成长那么"庞大",那么"狭长",仿佛是一条无法跨过的沟渠。成长那么具体,像是一道打了许久都通不过的关卡,最后终于通过,让你感到无比舒畅。

  审视自己的内心,我再问自己成长是什么东西,总算有些答案。以前我不明白成长有何意义。成长中有太多不知所措、妄自菲薄,也有太多迷茫、懵懂等诸多因素。成长可能会有些残酷,毕竟不是一件轻而易举的事情。

  成长看似冗长,实则就在某一瞬。它让人突然长大,突然开始强大起来,硬是把心脏打磨成钻石那般坚硬,任凭谁也无法敲碎。长大的人不再吵着要人陪伴一起前行,长大的人终于可以在这偌大世界里踽踽独行,可以不再被那些闲言碎语、寒风冷雨打倒。因为真正的成长,便是你不动声色地变得更强大了。

就算你一无所有，也务必要折腾到底

1

曾是我们这一群人中最"不学无术"的，她会在幽暗的教室里突然扑哧大笑一声，惊扰一众埋头苦读的好学生。她对咬文嚼字的课本一点都不感冒，上课不是呼呼大睡，就是在桌下偷啃鸡腿。可如今，她是我们这群人里活得最潇洒最自如的。

高中毕业时，当我们功利地思索着要选哪个专业，以后才能找到一份让自己饿不死的安稳工作时，她却由着自己的喜好，选择了众人眼里不看好的设计专业。

大学里，我们这些人都浑浑噩噩地混过每一天，她却坚定地朝心里期许的方向奔跑，不知疲倦。她总是在周围同学呼噜震天响的时候，一个人守着电脑，一笔一画勾勒出自己的设计作品。她之所以这样做，只是因为她喜欢。

　　这世界上能够建立丰功伟绩的人太少，绝大多数人都注定要庸庸碌碌。作为普通人的我们，一辈子能找到一件自己喜欢的事情，并且坚持做下去，人生便是精彩的。或许就像那句话说的一样："再难的事，难不过我喜欢，再烦的日子，我也甘愿。"能做自己喜欢的事，真的比什么都重要。

2

　　学习也好工作也罢，很多时候不是我们努力了就能做好，只有真正喜欢并且全身心投入，才会取得成功。

　　朋友Shawn是个聪明人，活得也通透。他说他就喜欢钱。他能顶住压力，身兼数职。一个人往返香港与内地，干着代购的生意，做着保险业，这些都很挣钱，但是也很让人感到心酸。我曾问他为何如此忙碌，他说因为爱钱，所以马不停蹄。

　　我突然顿悟，任何一件打从心底想做的事情，不要在乎其在社会中的评价如何，只要是你心之所向，那就去做。这世上，先有发自内心的喜欢，才有不知疲倦的奔波。

3

当然,事情有时候并不会进行得十分顺遂,更多的时候路上会布满荆棘。可能是生活所迫,你不得不掩藏好内心的渴望,不敢正视心中所想所愿,到后来只能敷衍地面对生活。

不能做喜欢的事,正是摧毁对美好未来的期盼的一把利刃,直到有一天你被磨平了棱角、丢了生气,最后只能向现实妥协。就像我的亲人好友时常会问我写作可以养活自己吗,我从来不愿回答,不能养活自己,难道我就不写了吗?写作是我喜欢的事情,这与我是否吃饱穿暖毫无关系。因为只有当心无限靠拢自己想要达到的某种境界时,才会觉得踏实,而选择做自己喜欢的事情,便是通往心之所向的第一步。纵然现实艰难残酷,纵然前路险阻极端,只有你喜欢当下的自己,才能换来你内心的满足。

4

阿睿是中国美术学院的学生,是我多年未曾谋面的朋友。再见她时,她已经从喷着香水、身穿鲜艳服饰的女生变成一个穿着朴素、不施粉黛的"佛系girl"。她说她并不觉得人一定要结婚,自己一个人也可以生活得很好。或许会有人不解,为何这样一个面容姣好的新时代美少女,要选择做一个不食人间烟火的"空门"女孩。

其实深入了解，你才会看到她内心的精彩。她不愿在钢筋水泥建造成的城市里消耗生命，而是选择在靠近灵隐寺的村落里享受生活，在自己建造的房子里摆上自己制作的陶瓷，拨弄着喜爱的琴音。

细细想来，一个人若能够遵从内心，扎进自己喜欢的事情里，是一件多么幸福的事情啊。生活其实就是一道选择题，我们总是不能同时拥有鱼与熊掌，很多时候是要逼自己做选择的。

从一些例子来看，选择听从内心的人总是比那些守着金山银山不敢向前的人，活得更精彩、更自在。或许我们没有生来富裕的命，也缺乏超人的智慧。我们大多数人就是平凡的普通人，更甚者我们这辈子都只是一条咸鱼。

就像电影《无问西东》里说的那样：听从你心，无问西东。我想，在这孤独的世界里，就算你一无所有，也务必要折腾到底。

那些披金戴银的人，秀色可餐却实在无聊

1

博尔赫斯在《关于天赐的诗》里写道："如果有天堂，那应该是图书馆的模样。"

他的一生获誉无数，却对一座图书馆情有独钟。踽踽而行，博尔赫斯用几乎失明的双眼，不断寻找着精神世界里的奥义。他字里行间的温切，描绘出了一个趴在书上嗜睡的人，嘴里冒出奇妙呓语的场景。

我眼里看到的是真正有内涵的灵魂，不仅可供人细细品味，更是趣味横生，让人精力充沛。这种生命最本真、最真切的独特形态，又哪里是世人所定义的奢靡豪华可以匹敌的。

这年头，外表甚好的人比比皆是，他们穿着最新款的衣装，开着最豪华的跑车，可思想却枯槁得无法形容。

内里丰盈的人，打着灯笼也难找；外表秀色可餐的人，却也实在无聊。

2

开车路过一所小学，等红绿灯的时候，看到一个衣着光鲜的年轻妈妈，领着稚气的孩子从学校出来。小孩尿急，年轻妈妈就顺势脱下他的裤子，让他在人来人往的马路边上解决。

她一边熟练地嗑出饱满的瓜子仁，将瓜子壳吐得满天飞，一边大声催促自己的孩子。她离我好近，那丰腴的臂膀上挂着的名牌包那么醒目，锃亮的高跟鞋上，尽是耀眼的水钻。不知怎的，她穿得靓丽，行为却有些低劣。

我真想呵斥她不该将干净的街道弄脏，可是没有，只能在心里说服自己，她一定是没文化的有钱人吧，要不然怎会在大庭广众之下表现出的行为与她的姣好面容那么格格不入。她年轻、美丽，却行为低劣。

3

想起一些人，他们身上总能散发一种魅力，让人感受春风化雨般的柔情,也仿佛能够看见他们思想迸发的火花。他们身上有一种特别的气质,丰富迷人,也许他们只是穿着简单的衬衫、旧裤子,不时地看一下左腕上的表。有的人像个衣着得体的英国绅士,有的人像个撑着油纸伞的江南姑娘,有的人又什么都不像,就只是那个散发着一股子芬芳味道的自己,甚是美好。

我有个好友,她有着模特的身材与姣好长相,从前夏天总是穿一件黑黑的小背心,配上一条浅蓝的短牛仔裤,两条又长又直的模特腿。她不读书,每天没心没肺地玩,十足漂亮,也十足缺乏内涵,可是后来她突然就变了一个人,衣着朴素,头发随意地扎成马尾,再也不露出大长腿,常常去山里某个小屋,做自己中意的陶艺插花,爬山吃素,在溪水旁边吹笛。

以前每每想起她,我脑海里除了浮现出"美丽"二字,好像无法再挤出一点其他赞美的词语,而现在她素面朝天,生活朴实,我脑海里反而映照出一句话,是对她的认知:"华水香拢岸,素茶巧含烟"。她这人突然就有了气质。

有气质的人啊,即使撕去美丽的标签,也能让人感受到她的不俗。而这些难得的气质,并非一两日就可拥有的,必定是长此以往地抵御物质欲望的诱惑,从而修炼出的姿态。气质这东西色香味俱全,不仅美,而且有足够的底蕴,让你去挖掘。

4

　　人们总是对读书抱有偏见，好像你只能浅尝辄止，若是硬要深读、精读，就容易变成人们口中的呆子一类的人物。

　　读书真的会把人读傻吗？这些毫无根据的论断，想必也是一些不求上进的人的说辞，他们没读过书，就希望你和他们一样抛弃书，但是我们似乎也总是在别人发出"读书无用论"的时候，哑口无言。朋友说"读那么多书真是没用啊"，随即给我举例一堆没读过书，现在开好车住好房的那些人。

　　当读书的意义要用是否有能力过上物质生活来衡量时，这本身就失去说服力了。

　　朋友口中的那些不读书的有钱人，也曾出现在我的朋友圈里，他们每天过着灯红酒绿的生活，天亮了就开始在朋友圈里约打牌、约饭，天黑了不是出现在某个KTV声嘶力竭，就是醉倒在某个嘈杂的酒桌上。

　　他们衣着光鲜，穿戴着昂贵的奢侈品，可是褪去这些虚有的外表时，他们白嫩的身体里却跳动着一颗贫瘠的心。那些酣战于麻将桌上豪赌的人，也许在关了灯后同样变得落寞不堪。他们外表"秀色可餐"，内在却着实无聊。做不了别人眼里的富贵人家，就做自己思想上的屹立巨人。

5

我特喜欢在大学里转悠,喜欢看那些抱着一摞书,戴着大眼镜,跑得匆忙要去图书馆占座的学生,他们脸上有一股倔强,更发散着一丝特有的书卷味道。

谁说读书无用?爱读书的人可以一辈子不用买香水啊,他们身上的书香沁人心脾,比什么巴宝莉浓烈馥郁的香味,好闻到不知哪里。

对那些徒有靓丽外表、内心空洞的人,更是毫无必要生出半点钦羡之心,他们靠昂贵的化妆品装点自己,而一旦失去这些东西,你会发现他们思想的肤浅以及灵魂的枯燥,让人觉得有些悲凉。

反观那些灵魂有底蕴,思想里蕴藏丰盈的人,就算没有光鲜的外表,也同样能够以赤子之态吸引别人,因为他们有气质,有香味,而这些优势一旦形成,就永远属于自己。

这个时代,人人呼喊着去掉标签,却处处贴着标签。许多穿金戴银、衣着光鲜的靓男美女,他们除了精致的打扮,却难以找到一处可以深深吸引你的内在。既然好不容易活一场,那就让灵魂有趣一点。

无须着急,生活该有自己的节奏

1

从古至今,咱国人就喜欢跟"急"较劲,不管是"三杯两盏淡酒,怎敌他,晚来风急"的柔情写意,还是"春潮带雨晚来急,野渡无人舟自横"的以情绘景。

追溯"急"字,其实早有渊源,古人的急,倒是多了几分缱绻诗意,怀揣着各自的气节与风度,而现代人的急却日渐无趣,更是越来越急。

前段时间,一位乘坐海南航空的乘客因为觉得机舱内太闷,着急离开,在飞机还未完全稳定的状态下,擅自打开应急舱门,造成航空公司巨大损失,这位乘客也被列入黑名单。

而与此类似的"社会急切事件",我们也听得耳朵早已起了茧。上地铁时,很多人都撸起袖子,使出蛮力,势必要挤入早已满员的车厢里,大家永远不愿等下一班地铁;红绿灯前,司机们刚等了几秒,喇叭就按个不停,吵得人心烦;很多人看剧时总在快进,有些恨不得几分钟看完一集;等电梯也不愿多等,电梯门还未打开就着急要上去。余生不短,我们却一刻也不愿多等。

2

就拿读书这件事来说,有调查显示,每年人均阅读册数俄罗斯55本、日本40本、韩国7本,而中国仅有0.7本,差别甚大。而我国堪称社会中流砥柱的白领一族,竟有高达40%的人一年连一本书也不看。

原因是什么?当然不是他们不识字没时间,而是碎片化阅读时代,人们急切地想要获得尽可能多的信息,再也不愿从书中知晓那些知识。多的是走马观花、急着在各处打卡的人,而愿意停下来慢慢享受生活的人越来越少。

着急,似乎变成我们思想的顽疾。我们妄想只看目录,便了解书中内容;试图快速吃完饭,就算面前摆的是山珍海味。人生漫长,却总有很多人,把每一天当成很多天来过。

3

在结婚这件事上,尤见国人的急切。六十多岁的常阿姨,是郑州科技馆北侧小公园里的老面孔,但她不是来跳广场舞或者锻炼身体的。在这公园的小小角落里,扎堆着一群像常阿姨这样的老年人。他们都是为了儿女的人生大事才聚集于此的。

"闺女都三十多了还没嫁出去,你说这可咋整?"

和很多父母一样,常阿姨此时最着急、最揪心的正是自己的大龄女儿,她在婚恋之事上,八字没有一撇。

公园里的父母们都急切地互相介绍着自己的孩子们,他们觉得孩子就该25岁结婚,28岁生孩子,30岁考虑生二胎……可是恋爱不易,婚姻也并不是儿戏,你光着急,孩子就能遇上相守到老的爱情吗?

47岁的俞飞鸿,在一档节目中坦露自己的婚姻观,她觉得婚姻那张纸有或没有都无所谓;年近五十岁的王菲,如今依旧处在恋爱期,活得像个20岁的少女。你为她们的状态着急,我倒觉得她们活得很自信。那些世人所理解的欢愉,那些在逼迫下被规则化的爱情,细细看来,其实并不适用于每一个人。

4

新华网曾做过一个"95后谜之就业观"的调查。结果显示，竟然有接近一半的95后并不打算就业，而选择就业的人数里，有54%的人最向往当网红。且不说网红背后也有诸多辛酸，就单从人们急切的暴富心态来说，不愿踏实走路又急于求成的心理，正将人的价值观引向悲哀的境地。

读万卷书，不如看十秒小视频；行万里路，不如给主播刷一个豪礼。这就是年轻人，急躁而肤浅地生活在当下。

针对这个现象，我也问过我的弟弟："你想当网红吗？"他肯定地点头回答："读书挣钱太慢，而当网红可以立马挣很多钱。""立马""挣很多""钱"，这些字眼组合起来，仿佛能看到大家焦急的心态，那是灵魂没有内容的空洞，是对待金钱的过度崇拜，是对人生前途的莫大焦虑。

一位曾经做过网红的人这样说："我每天睡四小时，除了吃饭睡觉，就是在直播。现在赚到钱了，我却发现自己什么也不想要了，就想回到以前。"没有书本的陪伴，没有日子的打磨，每天都处于一种焦虑的状态里，想要赚钱，赚更多的钱。

最后钱是赚到了，却发现自己的人生早已千疮百孔，这是你马不停蹄，抛下一切到达的目的地，现在，你为何又不开心呢？

没有谁应该忍受你的不礼貌

1

加入小区业主群很久了,群里每天有很多未读消息,我却从来没有点进去看过。今日得空,就想看看这些业主们平时在聊些什么。

"心情不好,老子才不会交物业费,谁来都没用。"刚点进去,就看到这一则略带愤懑的话停留在对话框的最底端。我很好奇,拉到了他们聊天的最开始,从头看起。

那个业主,姑且叫他李哥吧。他的情绪实在高涨,聊天的第一句就是"狗子的物管,老子跟他们势不两立。"众人不解,纷纷发问物管到底做错了什么,能让他如此怒气冲天。

李哥连珠炮似的控诉说："我住在最顶层，靠马路边，又热又吵，根本没办法睡觉……上了一天班回来，门口那些保安笑都不笑一下，看着就烦……"

在列举出诸如此类的物业几宗罪后，他以一句"心情不好，拒交物业费"来表明自己强硬的态度。看到这里，我觉得他有点无理取闹了。住在几楼，靠向何处，是当初他自己的选择，怎么好意思怪罪于物业。

2

我猜其他人应该会开导一番，却没想到，这群里好多人同样有着这种无理的要求。

A说："每次看他们贴物管费催收单就来气，意思是我不想交吗？居然还来敲我家门，被我拿棍子吓走了……"

B说："小区养狗的好多哦，物业也不管一下。要我说，物业就该在草坪里放点药，毒死这些畜生……"

C说："是啊，我家的下水道堵了，找物业来通，居然还要收钱，真是不要脸……"

一群人说个不停，其实全是抱着不想交物业费的心思去的。他们撒了一通气，似乎是达成了某种共识。最后，还是某位哥厉害，60秒的语音连发数条,言语间尽是怒气。其中有一句是这样说的:"你们啊,都太小儿科了,学学我。我都半年没交物业费了,他们要是不准我进小区,我就把车停在门口,大家都别走,最后他们还不是要来求我啊,呵呵。"

众人佩服,狂刷着大拇指点赞的表情,这一场声讨物业、拒交管理费的交谈,足足进行了三个多小时。

看着屏幕,我觉得自己进错了群。我真的无法苟同这些人的思想,他们接受了服务却不想付费,就像吃饱了想赖账,天下哪有这等好事?说好听点,你是消费者,是上帝,是别人的衣食父母,说难听点,你就是个无赖,你什么都不是。

3

我以前接触过物业这行,从那些物业从业者的谈话间,才晓得他们也是工作不易:"某业主觉得小区青蛙多,叫声大,让我们去抓,抓不到就不交物业费;某业主自己买的车位窄,车子大了,停不进去,怪车库不够大,于是不交物业费;还有一些业主,每天来物业中心找借口免费复印资料,被制止后,反倒说我们是白眼狼……"

常常有人看上去衣着靓丽,外表光鲜,做事情却有些不着调,像个十足的无赖一样。你借钱给熟人,他倒成了大爷,像是捏住了你的小辫子一样,你好不容易把钱要回来，自己却也是落得个翻脸不认人的评价。你好心帮朋友，忙前忙后，托关系找熟人，给他引荐客户资源，他倒好，自己的工作没做细致，客户跑了，他却怪你不尽心。

这世上，少见的是知恩图报，多的是倒打一耙。读者温桔跟我讲了一件事。她自驾游去一个新开发的景区，去那个景区要经过一个村子，可每次那个村子路口都会站着一个老妇女，不是欢迎游客，而是站在那里拦车要过路费。你不给，她就不让你走，死活赖在车前，撒泼胡闹，硬是要你把钱给了，她才收起她的表演，让你通行。

这些人好手好脚，却不会好好干活养活自己。这，便是如今很多人老赖一般的思想常态。他们觉得自己有理，非要把对方击倒在地才肯作罢。他们觉得交了些钱，就该被捧成尊贵的上等宾客。这个社会从不缺无赖，也从不少见无理取闹之人。再好看的衣服，也裹藏不住那颗贫瘠的心。

4

上次我乘地铁去办事的时候，看到过这样一幕：坐在我旁边的是一个十几岁的学生，把书包夹在腿间，手里捧着书，正坐在那里埋头阅读。中途上来一个壮实的中年男人，四处看看，见没位置，径直朝我们这边走过来。他不算礼貌地低声催促我旁边的男孩：“你起来让我坐嘛，小孩子站一下。”

男孩没搭理他，继续埋头看书。我以为那个中年人会自觉没趣，走到一边去。可谁知，他竟把男孩从座位上一把拉了起来。双方僵持着，十多岁的孩子也是气盛，根本不让。几十岁的中年人更是嚣张，觉得这是面子问题。

我怕他们打起来，索性走开，这样他们都有位可坐，不会再争执。可转念一想，为何我们要顺着这个有些赖皮的中年人呢？他没位置坐，就要动手抢走别人的位置，还振振有词。而就算是想要座位，他也大可礼貌地跟人说他很累，想要坐一下，我想大多数人都是通情达理的，他却偏偏如此强势，非要霸王硬上弓。

无赖的人蛮横无理，又吃相着急，好像全世界都应该为他们让路，为他们的冲动擦屁股。冷静下来，真想问他们一句：凭什么，凭你脸大吗？对不起，我们不接受刷脸卡！

5

对于无赖，我们总是一味包容，觉得忍让会相安无事。殊不知，一味地避让，只会让无赖的人和事成为社会文明发展的最大阻碍。你今天不想交物业费，却是在让那些按时缴费的人在替你承担。明天呢？你很可能就是一身巨债，满身戾气，怨这个不好，怨那个不公。

而后果是什么？失信、无礼、粗鲁、激进等人性的弊病就会跳出来：

"我没恶意,就是有些无赖。我很强势我很凶,你必须要原谅我啊。"

想想真是好笑啊,我们一再包容破坏规矩的无赖,却从未奖赏过遵守游戏规则的好人,这才是最大的不公。这世上,没有谁应该承受你的无赖。如果有人愿意这样做,那只能是你的父母。而我们要做的,就是拿出镜子,让他们看看自己究竟有多丑。

你是不是以为自由就是可以不工作？

1

我曾啜着杯子里的水，站在窗明几净的屋子里，俯瞰楼下步履匆忙、夹着公文包小跑的上班族们，那一刻我仿佛才意识到自己已不再是他们中的一员。而站在窗前的几分钟时间，似乎也过得特别缓慢。明明不用像他们一样上班、陷入拥挤的车流，却为何觉得度日如年，心有不甘？

想起自己去年那段不用上班的日子，我时常会有这样的感受。全然没有网络上"世界很大，我想去看看"的洒脱与自由，反而觉得无聊掩盖了充实，焦虑打败了沉着，不安主导了生活。

那些想象中亲手调制烹饪的三餐，都被油腻的外卖取代；本已树立好从此甩开腿的坚定信念,却在准备实施计划时告诉自己天气太冷或太热,不适合运动,而慢慢懒惰下去。

不用上班并没有让我变得积极,反而让我变得懒散、没有规划、不知所措。我白天睡不醒、晚上睡不着;正餐吃不饱、外卖撑满肚。想看的书、想做的事、想去的地方统统没有实现,而是亲手把自己绑在这间屋子里,哪儿也去不了,哪儿也不想去。不工作,看似逃离了琐事的束缚,却也终于让我体会到游离于日常生活外,那种被隔离开的不自由感受。

2

"老子明天不上班,爽翻,巴适的板(安逸得很)。"有一首歌这样唱道。其实"明天不上班"和"每天不上班"是两种完全不同的状态。明天不上班的感觉,就好像是盼星星盼月亮终于盼来周末,可以在工作几天后休息两天的幸运,这种感觉大概是先苦后甜的那样一个过程。

我们期待的其实是周五晚上,可以玩到深夜的那份肆意,周六放心睡到中午的那份舒适,以及周末可以约两三好友出门的惬意,而不是放假本身。放假没什么大不了,而接近放假、期待放假的那种心情,才是最让人心潮澎湃的。那么每天都不用上班,每天都是假期,这样的日子还能不能让人兴奋激动呢?

答案恐怕是否定的。不用上班，便没了工作的压力，没了压力自然很容易没了动力。那么上不上班，放不放假，就显得没那么重要了，因为此刻的每一秒对你来说都是同样的。

于是，我们自然很难再发自内心地感叹"啊，终于放假了"，那种收拾东西，准备在第一时间打卡，冲出办公室的急切心情，在我们所谓的"自由"生活里，也再也体会不到。

3

或许你会说可以从事自由职业啊，既能体验工作的乐趣，又能自由自在地为自己赚钱，多么两全其美啊。

首先，你把赚钱想得太简单，其次，自由职业真的自由吗？

我好几个关系不错的朋友，都是自由职业者，总是在吃饭的间隙或者在聊天的半途中，他们会叹息一声："好累啊，真羡慕你们上班族，不用操心。"从事设计行业的朋友，画图画到凌晨两三点是家常便饭；搞代购的朋友，晚上十一点还在寄快递的大巴车上。当然，也有我这样的短暂做过几个月自由职业，后来大喊后悔受不了的人。

自由职业者其实并不自由，甚至有些苦，同样为生计发愁，同样会失眠会焦虑，而绝不是可以不工作，或天南地北四处游乐。如今，我还是坐在了一间办公室里，做着与自己所学专业相关的工作。

其他部门里，有一位脖子上挂着金链子、满身名牌的富豪同事，大家打趣地问他："你都是千万富豪了，还来跟我们抢饭吃啊？"他说："财富再多不可能每天守着一堆数字，那样多空虚寂寞啊。工作再差，挣得再少，那也有一种自力更生的充实感。"他的话有理有据，甚至比他的金链子更闪耀。

真正的自由和上班并不冲突，而环游世界也并不代表自由，腰缠万贯更不等同于自由。不工作真的不能等同于自由。

4

你问我哪种人生才算自由，我说，人生不是脚不沾地、锦衣玉食才算精彩，也不是只会去异国他乡游玩，而不敢正视生活的平淡。自由的人生应该有故事，有回忆，有喜怒哀乐。

拿起手机，却不知道联系谁，你狭窄的朋友圈，在你决意递交辞呈的那一刻注定会变得更窄。不是你缺那几个同事、几个朋友，而是当你决定把自己关起来的时候，你的心也会变得越来越窄。

生活作息全打乱，三餐饮食能简则简，偶尔想到明天不上班，可以睡到12点，那叫幸福；每天不上班睡到12点，那叫折磨，整个人醒来都是晕乎乎的，随便洗把脸，随便吃点饭，随便一天就过去了。

很多时候，给我们大把时间去安排的时候，其实反而不知如何下手，因为总觉得时间多，浪费变成习惯，因此荒废度日。

自由从来都是相对的，恰恰是那种忙里偷闲，才能显示出自我安排调度的能力，因为有压力而迫使自己把生活过得有条理，才能在忙碌的间隙里体会到自由的快乐。那些你羡慕的自由生活，其实并不如你想的那般美好。

那些口口声声说我要自由不要工作的人，他们所谓的自由，或许只是他们单纯不想上班罢了。最后，当你拨开一层层迷雾，你就很容易看到事实：那些与社会脱节的人，他们的生活其实大多干瘪，不太丰盈。而学会在这世界站住脚跟，懂得与其周旋的人，却更容易有一颗坚毅而火热的内心，那种心态才算是真正的自由。

父母在,不远游

1

　　去年有幸申请到澳洲的工作签证,可以逃离眼前,抛下熟知的一切,去另一片土地上生活,但最终我还是放弃了。不是我不敢,而是总有些情感会给你造成许多的牵绊,让你不敢走得太远。

　　人是复杂的动物,曾经梦寐以求的东西也许只能存在于幻想当中,而真正来临的时候就是另外一番景象了。然而那些难以放下的,是内心永远无法直视的情感,以及从不会说出的爱。以前我时常想,若有一天能生活在完全不同的风土人情里,开着嘎吱作响的二手敞篷车,行进在碧海蓝天下,在路上孤独又惬意地跑十几公里,只为买一束鲜花的生活,是多么诗意的生活啊。

后来真正有机会的时候，又不得不让它流走，我想我不能自私地只顾满足自己内心的所想所愿。这片嘈杂的土地上有我在乎的一切，这些情愫宛如爬山虎一般，攀爬在我心里的每个地方。

虽然我十分坚信，就像《牧羊少年的奇幻之旅》这本书里所说：寻找天命的人，上帝会让他多么幸运。我把这种天命理解为内心欢喜的东西，人确实是要寻找属于自己的天命。我也和大多数的年轻人一样迷惑，不明白自己的天命在何处，只是觉得我不甘愿一直是眼前这低效勉强的活法。

可是人不就是在这样矛盾又鄙夷现实的情况下，才变得更有责任感吗？成长并不是明白要喜欢什么，而是要懂得如何接受不喜欢。

虽然这签证对我来说弃之可惜，但是比起澳洲，还是我的父母更需要我吧。就像我每次出国旅行回来，他们总会在我出机场第一眼能看到的地方等我一样，他们确实是需要我的。

2

突然间有些不习惯，已为人夫的自己要和另一半住进我们的新家里。一切都是新的，一切都像是还未成型的稀泥，等待我们去把它塑造成想要的模样。

从去年五月便开始装修的家，着实让我们这两个上班族累得够呛，幸好还有父母帮忙。妈妈总是亲力亲为，她会因为我的一句话就跑遍大街小巷去找材料，满足我的要求。那段时间，她很早就起床，提前为我做好早餐和午餐，然后又匆忙地为我们布置新家。

我想我们真的没有资格去过多要求什么，我们说出的任何一个字，他们都会挂在心里。

那天我打趣地告诉我妈："你把什么都置齐了，我们能做的只有拎包入住了吧。"我们随口所说的好想吃馄饨，结果隔天冰箱里就出现两袋刚包好的馄饨。她事无巨细，大到购置家电床柜，小到柴米油盐，我能想到的所有关于家应该存在的东西，她早已默默地为我们准备好。

在爱的包围下，我们总是措手不及地被温暖着，我们什么都不用做，只需要好好享受。这些独有的情愫，特别而温热。

3

泱泱国人，无论走到哪里，最终都会落叶归根，即使客死他乡，依然魂归故里。我是很喜欢外出旅行的人，比起无聊的人挤人国内游，我更愿意提前做好功课，拖着行李箱，去遥远的地方看看。

可是我逐渐在旅行的过程中，体会到漂泊的感觉。尽管这眼前的繁华十分吸引眼球，看着来来往往的人，我总会感觉自己有些格格不入。虽然到处充满欢声笑语，眼前却都是陌生人，让人感觉不到一点温度。所以当我真切地看着这握在手中、令人兴奋的签证时，我最终选择了放弃。父母在，不远游；爱人在，常相伴。我现在才能体会，为什么越年轻越没有包袱。越年长越有那么多顾虑。不是人没有了那份冲动，而是有了更多的感情牵绊着你。

4

打开家门，只觉满眼都是幸福的景象。老妈趴在地上，擦去地板上的灰尘，还叫我不许瞎动。老爸在沙发上看新闻，和我聊聊最近发生的事。岳父按照说明书组装着新买的家具。岳母在厨房忙得热火朝天，揩着汗珠，做一桌可口的饭菜。

等到所有人都到齐，大家围坐于此，高兴地谈论着关于未来的事情。每个人脸上都带着笑容。看着此情此景，我想这大概就是幸福的样子吧。时间仿佛确实有种魔力，它能让你突然接纳以前抗拒的事。以前的我每每听到《常回家看看》的旋律时，都觉得是陈词滥调，可现在又忽然不那么讨厌了，常回家看看，不就是我们应该做的事情吗？

看到一句十分触动我的话：父母在，人生尚有来处；父母去，人生只剩归途。富裕也好，贫穷也罢，天下的父母都一个样。趁他们还在，好好爱他们吧。

世上最幸福的事，是有家可回

1

前几天在雪山上，我把自己裹得像个粽子，呼哧呼哧在雪地里打滚，不遗余力地释放着对这年末寒冬的最后一丝热情。踩着雪板，拄着雪杖，从坡顶滑下，刹不住车时本能地发出喊叫，东倒西歪地扑倒一个个滑道上的人。我们在一阵嬉笑声中，挥手告别了旧的一年。

在回程的路上我疲惫不堪，又遇上堵车，声势浩大的车流里，一眼望去全是尾灯交织出的颜色。路上的车辆丝毫没有要移动的迹象，我索性摸出手机编辑文字，给公众号的读者发去这一年最后的问候。

消息一发出，就陆陆续续收到上百条读者的留言。有人分享着当下与家人围坐于电视机前的融洽时光,有人分享着爸爸今晚做的红烧糖醋鱼有多么可口……字里行间,无不透露着家庭的温馨。

2

我抬头望去,黑压压的山路被路灯照得十分明亮,更添一种归家的急切。在众多的留言中,有一条留言引起了我的注意,让我的心突然咯噔一下。是一位常与我联系的读者,他留言说:"今年的最后一天,爸妈离婚了,打谁的电话都不接,都不想要我。此时,别人在家里温馨地看晚会,我却在人烟寥寥的大街上游荡,不知道要去哪里。"

我一时语塞,不知如何安慰他。家对一个人来说,拥有的时候,从不知道珍惜,失去的时候,才知道它有多么重要。我在车里思考了半小时,才想好应该怎样回复他:"回家吧,只要家里有人,哪怕是你一个人,那就是家。别人不能给你温暖,自己可以给自己温暖。"

他没再回复我,兴许还沉浸在失去家庭的痛苦中。那一刻我才明白,不管你多么了不起,一个家庭所带来的温暖,是其他任何物质所不能代替的。

有家才有温暖。

3

想起小时候的自己，外在温顺，内心叛逆，经常和家人赌气，一个人去外面的凉亭骂骂咧咧，总想着离家出走算了，但从来没有迈出那一步。后来长大了，去过一些国家和地方，虽然外面的世界很好，但始终还是觉得自己的"狗窝"舒服。吃过普吉岛的菠萝饭，尝过东京的生鱼片，可是始终觉得没有老妈炒的那几道常年不变的小菜可口。

家是个神奇的地方，越是离得远，就越是想念。和女朋友看了一场深夜电影，刚走出影院大门，一阵冷风就吹到脸上，让人顿生凄凉之感。她凑近我低声慨叹："如此冷的天，那些没家可回的人真是可怜。"可不是吗，没有家的人此刻内心该有多么难过和失落啊。

有家可回当然不是多么值得炫耀的事情，这世上99%的人都有家，都有机会体验来自家庭的温暖。可是，这世上还有那1%的人，他们无家可回，只能站在窗户外面，看着窗户里面的人享受家庭带来的欢声笑语，落寞而孤单。

有时候真觉得自己很幸运，比那些无家可归的人幸福太多。我们总是贪恋窗外的风景，却对家里的温暖熟视无睹。在外面接连碰过壁以后才明白，在家里喝一碗妈妈盛的热汤，比外面那些拼命加糖的快销式奶茶暖心太多。严寒冬日，我能想到的最温暖的事，便是回家。

愿茫茫人海，与你相遇

1

和朋友聊天，说起"缘分"一词，每次谈及它，我们总是饶有兴致地想要一论其中奥秘，可是很难说清的是，缘分这东西不仅神奇而且神秘。

无论哪一种相遇，都是缘。

当然，令人心神不安、惶恐十分的缘叫孽缘，是错误的遇见。好像天无时，地无利，人不和，生拉硬扯制造出的摩擦。但大多数时候，缘分是美好的代名词，它是所有浪漫的开端，也会有完满的结局。

"前世五百次的回眸，才换来今世的擦肩而过"，缘分的奇妙之处就在于，你永远无法知道，自己要为这场突如其来的遇见准备多长时间。

就像出现在生命里的那些人一样,他们或多或少都与你有着一定的缘分。读书的时候,老师最喜欢说,是怎样的缘分才让大家坐在一个教室。以前我不懂,总是疑惑,觉得有些同学仿佛天生就是要和你对着干的,怎么就和他有缘了呢?

后来自己从书本上领悟到,不管他们是以怎样的面孔出现在你面前,都是缘分的造就,只不过有些人要陪你走很长的路,来美化这段缘分,让它难以忘怀,而有些人就是缘分设置在你生命里的障碍,你必须要穿越它,去寻找更好的未来。

就像此时的你正在读我写的文字,能在这一撇一捺中相识,未尝不是你我之间的缘。所以,缘分总是从遇见而起,又以旅途的终结作为结束。所有的相遇皆是缘分,无迹可寻,又命中注定。

2

缘分会让你感叹,明明世界如此之大,为何总是跳不出这个奇怪的圈子,即使是走到天涯海角,也还是会有人来与你相认。

几年前,我初次去台北,那是一座有着独特气质的城市。白天的台北像一个婉约的姑娘,干净利落地扎着马尾,身姿婀娜地踩着小碎步,行进在你眼前。而夜晚的台北又像是刻着文身、顶着短发跳动在不眠之夜里的俏皮姑娘,散发着迷离光芒。

初到台北,竟觉得像是多年未见的老友,感觉那么亲切。在101大楼的脚下,看人头攒动的夜里,一群穿着黄色背心的义工穿行在这里。我有些迷路,遂上前随便抓了一位同学询问。后来那人问我从何而来,我的回答让她有些兴奋,她说刚好在我的家乡读过书。然后我问她在哪所大学就读,她的回答又让我很是欣喜。最后,我才恍然大悟,眼前这个素未谋面,只是我随机发问的台湾人,就在我生活的小城里读了四年大学。

我们十分诧异,一边感叹着原来世界就是这么小的同时,又不得不信服于缘分的力量。缘分把每个生命都错落有致地归集到一个圈里,无论你身在何处,无论你贫穷富有,时间到了,总是会有人不远千里与你相遇。恰如其分的相处,分毫不差的设定,每个人的相遇都有不同的缘分。

3

我们的爱情正是极其讲求缘分的事情。有无缘分,投射到爱情里,就会变成各种悲欢离合、爱恨情仇。当我们投身于一段爱情里时,我们享受缘分带来的奇妙,当这爱情里的一切成为过往云烟时,我们又会对这段缘分、这段感情嗤之以鼻,好像和对方有什么深仇大恨,再说起时,恨不得咬牙切齿。

常常看到一些昔日的情侣，如今形同陌路，甚至互相揭短辱骂，让对方难堪。过去如胶似漆的形象还留在人们的心中，而现在形同陌路时，又恨不得提起大刀砍向对方。他们把缘起缘灭演绎得太过激烈。

对待缘分何必如此激进，就算它是孽缘，是错的时间遇到错的人，可他依旧是你当初捧在心上的人啊。有过缘分的人，何必再伤及过往的美好。

和我老婆的相遇，我一直认为是缘分的造就。我们曾在同一所学校受教于同一个老师，我们的生日完美重合，我们说同样的话，悲欢于同样的事物。我想这种缘分是无法细说的，只能体会，况且缘分的美好，本来就只能体会。

"有缘千里来相会"，那些貌似年龄过大的人，不仅被父母催促，自己也十分着急，连缘分的影踪都望不到，何来浪漫的发展。他们中的很多人，为了找到缘分而放低自己的身段，到头来遇到的又都是假的缘分。

是你的缘分始终会来，不是你的缘分不管你怎么贴、怎么挽留，都是无济于事的白费工夫。在未知的岁月里，你要做的是装点好生活，耐心等待。

Chapter 6

人生很短，
愿你我都能活得自由与从容

不要复制别人的人生，余生那么贵，应当永远保持自己的理想与格调。只有这样，我们才能在未来爆发出真正强大而独有的光芒；只有这样，我们才能在这凡尘俗世里，活得自由、走得从容。

永远做一个自由的写作者

1

聊起写作,便要从记忆里那本书籍说起。它是启蒙我的良师,在我只会依样画葫芦的年岁里,陪伴了我许多个抠破脑袋也写不出作文的日夜。

我清楚地记得,那会儿刚上小学,母亲带我去书店,我一眼便看到这本名为《作文新大全》的书籍。它是硬壳装,里面的纸张纯白,质地良好,在那个金钱匮乏的年代,这本书的费用可以算作家里一笔不菲的支出,但是见我喜欢,母亲二话没说买给我,让我带回家。毕竟鲜有天生的作家,大部分都是靠后天的磨炼才成为作家。我难以想象,若没有这本书的帮助,写作文对我应该是怎样的折磨,我想很多人应该都有切身体会。

那时的天很蓝，喜欢也还是那么纯粹。我总喜欢抬一张小椅子在晒到眯起双眼的下午，坐在偌大的院坝里，稚嫩地读着这些文字。

虽然后来那本宝贵的作文书，被我随意拿来垫滚烫的泡面，弄得到处都是油渍；更甚者被我撕下几页，做点火的引子，点起一堆火，炙烤喷香的腊肠；再后来，我连这本书的影子也干脆看不到了。但是还好，它已经永远留在了我的心里。

2

中学时代，我开始逐渐形成自己的写作风格，有了自己的思考。我喜欢写诗，喜欢读散文。老师每天耳提面命地教导我们写作三段论："凤头""猪肚""豹尾"。这是我极其不喜欢的写作方式，所以我每次写作文只是勉强应付，文章好像空心白菜一样没有内涵。

我私以为写作应是愉悦的，并不是痛苦的。对于应试教育的模式，我实在抵触，却始终坚信有感情的文章才会让别人感同身受，读者才能体会到作者想要传达的感受。

我十分会写作，洋洋洒洒，遣词造句，写出满意的文章。再仔细研读，揣摩词句的搭配是否达到自己内心的所想所愿。每次完成写作，虽然都非常疲惫，内心却十足喜乐。

而每每上交作文之后的第二天的语文课上，我一定会端坐在座位上，难掩内心激切，昂首挺胸，像一只傲慢的公鸡，等待老师的表扬。老师总是将我的文章念给同学听，不管是诗词还是文段。写作总是能让我满足自己的虚荣心，并且屡试不爽。

　　随着年纪渐长，虽想法不再天马行空、那些年的小小虚荣心也不复存在，写作依然是我这些年难能可贵的坚守，就像有人喜欢打球，有人喜欢逛街，而我却喜欢写作。

3

　　安逸的生活里，除了不会忘记怎么长胖，好像什么都能被时间冲淡，写作亦不例外。细细想来，我已好几年没有专注地写字了。后来有了爱情，恋人读着我写给她关于爱情的文字，蜜意柔情间不忘鼓励我别丢失兴趣。那时的我，就是一只思想愚钝的猪，想写却写不出，让我一度怀疑自己是不是丧失了写作这一项技能。

　　当然，文字在我生命中的地位从未动摇过，它是苍茫大海上的一座灯塔，也是穿越战场也要抱回的胜利，更是孤独世界里可靠的大山。只是，这几年，我更喜欢被动地阅读，而不是主动地"输出"了。

　　有时候，生锈的不是躯体，而是内心。直到我看到一位老同学的公众号，她的公众号里平凡地记录着生活的点滴，书写着她自己的成长历程，小众而精致，偏门而温热。当下我便强烈地想要注册一个自己的公众号，写一写生活，聊一聊趣事和这世界的万分精彩，毕竟，像我这样对很多事毫无坚持可言的人，写作却成为我愿意去坚持的事，这是多么可贵！

生活温而不沸，大多数人并没有机会去体会大风大浪的人生。四季更迭，这些简单重复的岁月，我想用文字装点生活，应该是最合适不过了。荏苒时光里，希望自己永远做一个自由的写作者。

4

再美的乐园，无人问津，也终会变成一片荒地。写作亦是。若只是一味耕耘，却不知收获，这样的付出是低效而愚笨的。

前段时间，我的那篇关于健身减肥的文章，被无数人转发、评论、点赞，一时间让我有种飘飘然，觉得自己要红的感受。

现在，写作让人有期待感，这是非常不错的体验。就像自己懒惰，许久不更文，有粉丝会在后台发来消息，催促我认真写文章，这真是一种幸福的负担。因为大家对你的文字有期待，而让你成为别人漫长的生命长河里，一块偶然被想起的石头。这是多少物质也换不来的体验，是一段奇妙的缘分。

"我们的征途是星辰大海"，恰好写作也是。每个人都有自己的是非取舍、思考，写出来的文字也是迥异而无规律可循的。若想要拓宽写作的深度和宽度，我想，身体和灵魂都应该行走在路上。这注定是一段孤独的旅程，启程了就不要停止，因为，这条路永远没有终点。

只愿你由内而外，做思想的驾驭者；只愿这浮世千变，你始终随心随性，内里丰盈，还是那此间少年。

人生很短，不做爆款

1

以前我们总是吐槽韩国美女都长一个模样，傻傻分不清楚。然而，当锥子脸成为众人热捧的整容范本时，多少人又趋之若鹜，硬是把自己变成整容界橱窗里的经典模样。我们说要削尖脑袋地努力向上，最后却努力地把自己的下巴削尖了。

以前我不知道什么是网红，我以为的网红就是一张红色的网，后来才明白，大多数所谓的网红，不过是时下那些整齐划一的锥子脸，扑闪着占据脸部三分之一的大眼睛，好像稍有得罪她，就会猝死于她的尖下巴上。

每次看到这些仿佛批量生产出来的网红面孔，我总是不禁战栗，觉得寻不到一丝美丽。照理说，她们是按时下最流行的范本整出来的样子，为何却毫无美感，让我惊恐十足呢？

爆款装点的外表之下，我看见的是一具具没有灵魂的躯壳，他们宁愿失去自我特色，摒弃本真，把自己装点成别人眼中那个冰冷的模样。这是爆款思维带来的病症，它就像一把不留情面的剪刀，果断地剪去你身上所有的与众不同。

2

朋友阿睿，以前是我们眼里公认的大美女，肤白貌美，腿长任性，是那种看一眼就觉得特别亮眼的人。她穿着时髦，本就一米七几的个子，还时不时蹬着高跟鞋和男生比高，我想她真是太符合大众对美丽的定义了。

后来她渐渐淡出我们的视线，穿着变得极为朴素，时常一个人出现在山里的小屋。她学插花，做陶艺，粗茶淡饭过日，凭一双绣花的布鞋，就敢往山林里去。当众人惋惜她容颜姣好却再不施粉黛，就连喜欢穿的华丽的爆款衣裤都变作素衣步履时，我却觉得她比以前更加美丽了。

我以前和她聊过，她说她很享受这样的生活状态，可以在温暖的阳光里闭目冥想，可以在溪水边牧笛而歌。用她的话来说，这样的生活让她少了很多负累感，变得更加本真。我想那些从心底散发出来馨香的人的美，是那种追随潮流，争做爆款的人所难以企及的。

3

看维密的时候,仔细观察的人会发现这些超模各有风情,美得完全不同。观察她们的面容神情,发现她们的美丽可谓是汇聚了四方的风情,或充满韵味、魅惑十足,或青春活力、阳光健美,这些如同天使般美丽的女孩,每一个都魅力十足。

"方脸姐"眼神魅惑,摆出不屑凡尘的女王姿态;"糖糖"甩着蜂腰翘臀,湛蓝的眼睛里如同装着一片大海;大表姐刘雯可谓气质超凡,她的酒窝没有酒,我们却醉在其中;"AA"风情万种的笑容里,藏着一股香味,闻见的人便成为她的俘虏……

这些个美丽的女人啊,根本不会有任何一个被人诟病成整容脸。而那些长相雷同得宛如一个妈生出来的锥脸大眼网红,或许她们永远只能活在网络的虚妄里,因为她们甘愿丢弃特色,把做爆款奉作人生的一大准则。爆款的人生啊,纵然有锦帽貂裘,却也难免无聊透顶。

4

我从不把外在当作上天的馈赠,而由内而外的独特,加之灵魂的丰盈,或许才配得上美丽的殊荣。

那些空喊着"读再多书有什么用,最重要的是长得好看"的人啊,我们可得小心,他们总是喜欢悄无声息地把自己的魂灵,雕塑得比外表好看一万倍。最后,他们自会印证那句"好看的人还比他们更努力"。

总是追求时髦,总是在意是否拥有爆款的人,总有一天会迷失在巨大的平庸浪潮里,因为当你的人生被所谓的大众排行榜支配时,那就真的变得毫无特色、十分无味。我想那些把自己改头换面的"爆款人士",生活必定会少了很多乐趣吧。就像他们把鼻子垫得高挺,鼻孔缩得又窄又细,面对已经变得脆弱得不堪一击的鼻子,他们只能整天小心翼翼,生怕有个什么闪失。

不知谁曾说过:"相比不断维系、一生依靠人工保养的面孔来说,我更愿意自然地老去。"是啊,美丽不过是昙花一现,何不坦然地拥有,又坦然地失去呢。那些岁月留下的痕迹都藏在一条条填不平的皱纹里,那里面都是故事。将来你可以坐在炉火旁,说给渴望了解你的人听。

好看的皮囊千篇一律,有趣的灵魂万里挑一。把成为"爆款"奉为人生准则的你,为何不给灵魂添一种色彩?为何要把真我的独特抛之脑后?人生这么短暂,你就别总想着充当"爆款"了。你就是你,独一无二的你。

认识，永远不要从外表开始

1

不知何时，公司单元楼里又换了新的保洁阿姨。她话极少，总是埋着头，一个人在那里打扫卫生。她穿的衣服一看便是有些年代感又不忍丢弃的，头发随性地扎在一起，干活的时候总是垂在身前，她一边做着卫生，一边把长头发往背后捋，看起来笨拙而劳累。

这个阿姨不像上一位阿姨那么热情、爱笑、喜欢和陌生人打招呼，她总是缄默，不喜欢与人交谈，却又时常在那里喃喃自语，不晓得说些什么。她不爱笑，每次有人站在水池边洗杯子时，她都拿着扫帚过来，一边拖一边冷峻地说着"麻烦让一让"。她看上去就像是一个被拖欠三个月工资的人，有点消极怠工的样子,可明明她手脚利索,动作麻利。

总之,这位阿姨给我们大家的共同感受就是不好相处,不讨人喜欢。自然而然,大家也不太愿意和她打招呼,对她颇有微词。

2

我走过她的身边时,也有些想要刻意回避她。一来是觉得她这人不讨喜,闷着头不说话;二来又觉得与她不会有什么可以交谈的话题,所以我总是匆忙地走过,直接忽视她的存在。

下楼梯时,一群人欢喜地走着,嬉戏打闹,把吃剩的糖纸揉成一团,丢来丢去,最后变成地上刺眼的垃圾。我走在后面,看着他们幼稚的行为,虽觉不好,但也弯不下腰去捡那些人丢的垃圾。走在最后的那位保洁阿姨,提着水桶,拿着扫帚下楼,小心翼翼地不愿洒出一点脏水。她顺势捡起地上的糖纸,揣在自己旧衣服的口袋里,娴熟而默不作声。

察觉到她在后面笨重地挪着步子,我回头问她需要帮忙吗。她喘着粗气,告诉我说没问题。我没再说话,只好笑笑。那是我第一次与她对话,原来,她并没有想象中那么冷淡和不可靠近。

后来,我有段时间身体不舒服,每天都会早早地去医院拿熬好的中药,所以到公司都比往常早很多。有很多次,当我到公司的时候,那个保洁阿姨已经开始打扫卫生了,拖地抹桌,一个人弓着背干活。我没有刻意要和她说话,只是坐在那里吃早餐,时不时瞟一眼她,偶尔她抬起头,我们眼神交会,她就笑一笑,继续做手上的事。

眼下这位在大家眼中不苟言笑,情商看上去不太高的人,因为工作的认真和质朴的笑容,让我看到了一个与印象里完全不同的形象。

3

记得小时候母亲教我不要以貌取人,我不懂其中深意,就觉得外表光鲜的就是让人想多看两眼,而那些外表暗淡无光的,则如同一个干瘪的烂苹果,让人觉得它的内在同样不好看,可现实总是啪啪打脸,你以为不好看的东西,其实只是你看不到它好看的一面。

我读初中时往返于学校的那条路上,常常会看见一个捡废品的老人,拖着破旧的口袋,挨个翻过这条街上的每一个垃圾桶。

每次和同学碰到他的时候,我们都避而远之,因为他身上的臭味实在刺鼻。况且他的身边常常围着几条品种不一的狗,绳子全部绑在他的身上,那些狗和他身上的味道一样,他们都给人一种脏脏的感觉。

遇到老人和他的狗狗们的次数多了,我们自然很好奇,常常放学走路回家的时候就跟在后面,想要一探究竟。有一次,我和同学一起跟踪了他很久，看着他进了一个破旧的老房子。

我们凑到房口一看，只见屋子里堆满了废品，散发阵阵酸味。屋子里有大约十来条狗，不知道的会以为是某个家畜收容站，而老人正耐心地给每一个狗盆里添加调好的狗食。后来听知情人说，这个老人无妻无子，孤苦伶仃，靠卖废品维持生活。他每次遇到别人不要的狗，或者走丢的，就领回去自己照顾。

我常在想，一个人的内心究竟要多么光亮，才会不太顾及外表呢？我渐渐从这些人身上明白一个道理，就是永远不要从外表去定义一个人。

4

事实上，很多事情都没有常理。你以为的长路漫漫，别人轻车熟路；你嗤之以鼻的，别人却甘之如饴。就像那位保洁阿姨一样，她不善与人交谈，穿着普通，人生也普通，可她依旧在自己的生活里做好自己的角色，也如同那个捡垃圾卖废品的老人一样，他一生凄苦，无人照顾，却把那仅有的一点稀饭钱，拿来喂饱流浪狗。

世上还有很多像他们一样的人，他们外表普通，可心地善良，内心柔软。纵使世界要让他们的生命如此悲惨，可这些人依旧能把生活过得从容不迫，甚至散发出很多人性的闪光点，这本身就已经是一种与众不同了。既然这样，又何必去苛责他们无趣的外表呢？灵魂有内容，真的比什么都好。

人不可貌相，那些披着华丽羊毛的也许是狼，那些衣衫褴褛的可能正在为社会奉献着绵薄的力量，那些我们以为的丑陋，其实是因为我们思维狭隘，而你眼中穷困落魄的人，却活得洒脱充实。

这世间，总是有些温暖你没有感受过，总是有些看上去一文不值的东西，其实价值不菲。

到底要多稳定，你才觉得有安全感啊

1

稳定，至少在国人眼里，可谓是一种高级的状态，是多少人梦寐以求想要得到的安全感。稳定的人，每天有固定的工作时间，有固定的空闲生活，就这样静静地老去。稳定到底有多么奢侈，才引得我们趋之若鹜，一心追随呢？

几乎每个父母都希望孩子有稳定的状态。读书时，他们希望你好好待在家和教室，安稳地学习，不受外界干扰。工作了，他们又希望你每天按时上下班，按时回家，就这么循规蹈矩地耗费你宝贵的青春活力。我们越长大越可能被引导走向稳定。

什么时候该去相亲了，什么时候该结婚，什么时候该生孩子了，总是有四面八方而来的声音，告诉你要定下来，做他们想要你做的事情。稳定，有点像慢性毒药，起初你并不会察觉，后来越来越深陷其中，当你想要逃离稳定的怪圈时，竟发现做任何事都于事无补。

2

特别佩服我的一个同学，是个女孩子，看上去柔柔弱弱，内心却有十足的力量。她完全不是那种安于现状、停止不前的人，在大学时，就背起行囊走遍大江南北。而那时的我们，除了在学校每天按部就班地上课外，就算是假期也不会迈出家门半步。

后来她在深圳上班，每天坚持写作，生活美好而惬意。当我觉得她要安享于这种稳定而愉悦的生活时，她又毅然决然地辞职，去丽江开起了客栈。她用心装饰着自己的客栈，给花花草草浇水，给园子里的狗狗洗澡，把生活过得像一首诗。

我想她的生活应该可以就这样简单美好下去了吧，然而最近她又离开了客栈，选择旅行结婚，和她的先生去很多陌生的地方，拍很多温馨的照片。不知道以后她的生活还会有变化吗，我想肯定会有的。稳定这种状态，在她身上完全找不到影子。

身处于稳定状态里的人,不敢站起来去看头顶的繁星一片,他们总是蒙蔽自己的双眼,明明勇敢一些就能触及的星空,他们却一动也不动,只能暗自怅惘。

3

有种可悲的情况是,多少还未涉足社会的年轻面孔,就幻想着以后要怎么稳定,怎么让自己看上去成熟。明明那么年轻,却不敢正视心里的渴望;明明嗷嗷待哺,却要装出一副很饱的样子。

人生过得太安全太稳定的时候,必定少了很多乐趣。除去工作、生活本身的一成不变,可悲的是内心已逐渐褪成灰色,心里的那道彩虹越来越暗。你年纪轻轻,却失去冲劲。到底要多稳定,你才觉得有安全感啊?

你前进的同时,又不断在怀疑自己,觉得前面未知的世界很是可怕,从而栖身于某处,再也不想行走。

你明明心中有愿,却一直试图用泥土掩盖住它,告诉自己,再不定下来就晚了。可现实是,当你真正选择停下,不愿再去找寻内心的颜色时,这也许才是真的来不及吧。

人生没有白走的路,每一步都算数

1

在上完大学的第一门课程后,我摔门进入宿舍,狠狠将手里的专业书扔到地上,大喊一声:"老子不学了!"

我和这个专业的较量,一干就是四年。坦白说,我只是最初在电脑前面填志愿选专业的时候,出于未知,才对财务管理这个专业,有过一丝好感和期待。事与愿违,在大学的几年时光里,我总是陷入一种后悔的情绪里,不时抱怨:"我真不应该选这个专业,以后打死我也不干这一行,我天生不适合与数字打交道……"

在这样抵触情绪的影响下,我总是大喊着不学了,却平静地过完四年的大学生活；我总是大呼不干了，却也本分地做了四年财务工作。我居然和自认为天生不适合自己的专业相处了这么久。

上大学前，我是典型的文科脑袋，喜欢写作，咬文嚼字，而我也十分坚定自己的大学生活应该日常泡在图书馆，每天沉迷在那些耐人寻味的字里行间。

可理想总是败给现实，父母之命，旁人所言，我懵懂地在第一志愿填上了一个与文学毫不相关的专业，所以大学四年里，我总是跟自己较劲，上演文章开头那一幕。我泄气，把会计专业书拿来垫滚烫的泡面；我郁闷，本想与文字谈情，却无奈与数字说爱。

那些草长莺飞的文艺情结，注定献给一个又一个沉闷的公式。那时候，我唯一的感受是我的大学完了，我的人生好像也没什么戏了，因为在人生的棋盘格里，我认定自己走错了方向，通往的是截然相反的另一方。

2

网络热搜每年都会出现一次对自己所学专业的调侃：电子商务等于淘宝店；土木工程等于工地搬砖；力学等于街头卖艺、胸口碎大石；人力资源等于贩卖人口……

绝大多数人都是第一次读大学，对专业的认知几乎为零，心里想的和实际做的常常背道而驰。当你真正坐到大学课堂里,翻开书本的时候,才会慨叹自己怎会读了这么一个专业,而基于这样的现实因素,很多本应朝气蓬勃的大学生,都消极以待,干脆不学,要不把脑袋埋在最后一两排的座位上,呼呼睡大觉,要不躲在寝室里,刷剧打游戏。

就拿我自己来说,在大学里,我同样会逃课,厌恶自己所学的专业,觉得命运太会戏弄人,把我放到一个难以挣脱的沼泽里。可当我学了几年、工作几年之后才渐渐明白,那些看上去不适合、不喜欢、不愿做的事情,其实也可以坚持做很久,原来只要自己肯努力,不喜欢的事情也会做得很好。

我发现自己能把那些复杂的计算破解,能把一张报表做得完美,心里还是会高兴。我开始接受自己的专业和工作,不仅仅是因为那是我谋生的工具,更因为它没有我想象中那么困难。

3

不乏听到很多身处大学的迷茫小年轻们向我倾诉:专业有多不喜欢、学校有多差、未来有多黑暗……

从他们的口中,我听到最多的是对命运不公的抱怨,觉得自己走错了路。从他们身上,我看到曾经那熟悉的自己,因为我也是从那样的环境里走过来的。

我一直很喜欢一句话："人生没有白走的路，每一步都算数。"如同大学选专业这件事，明明是很简单的，就选自己喜欢的，可还是十有八九的人都不满意自己所选择的专业。要说这世间有什么是必须要去经历，才能变得更好的，我想必定是生活。

有些人就是含着金汤匙出生，而有些人一生下来就必须要学会奔跑。可是，这并不代表命运对他们不公，再有钱，不努力一样坐吃山空。人生是道选择题，你要为你的选择付出代价。

当你再问我，要学什么专业、做什么工作、想成为怎样的人，我恐怕无法给出你什么建议。只是希望你永远不要因为自己一次不满意的选择，就对自己全盘否定。路走错了，大不了重新出发，走对了，你就保持这种步调前行。

每一段路，或为了相遇，或存在离别，或喜怒哀乐，这些都让你五味杂陈，但这都是你自己选择的路啊。而这样的选择，对你来说，总得亲自去走走，才知道好坏与否，所以，相信自己的选择，没错的。

千金难买我喜欢

1

一直以来，昂贵与便宜站在我们生活的两面，挟持着我们脆弱的消费观，好像除了贵贱，就别无他选。贵的东西之所以贵，不是它任性，想贵就贵，而是它背后所承载的巨大制造成本、品牌成本、运营成本等。它的贵是有道理的。

相反，便宜的东西，它想贵也贵不起来，毕竟它在很多环节的成本都输给贵的东西，但是，这也并非代表便宜无好货，便宜只是这件物品的其中一个标签而已。

装潢美观的商场里不难看到，占据位置优势的第一层，总是各种大牌扎堆出现，根本不给低价品牌一点生存空间。

这样的界限划分残忍而决绝，就像把好学生和坏学生以成绩好坏区分开并贴上标签，于是，好像理所应当的，价格成了衡量商品好坏的唯一标准。

2

现在有一种有趣的情况是，月入2000元的人，省吃俭用几个月，只为买新一代的苹果手机、最新款的名表名包。你疑惑他们为何只为满足一点私欲就这样逼迫自己，而他们则嘲讽你为何还拿着那款砖头一样的老手机。

那些每天在地摊上砍价砍得热情似火的人，他们花极少的价钱，却买着称心如意的东西。价格便宜对他们来说至关重要。

无法评判这些追求贵与便宜的人的心理，因为每个人都会出于各种因素而做出选择，价格可能是主因，也可能是次因。买奢侈品的人，可能就是瞧不上便宜的，就是觉得贵的好看，品位这东西真的没辙。买便宜货的人，可能手里的钱另有用途，也并非你认为的他们对物质生活毫无欲望。让人望而却步的其实不是价格，而是自我评判。

3

朋友圈曾出现过这样的一幕，两个好友同时发了状态，都是去买新车，只是一个去买跑车，一个去买电瓶车。朋友说看到这一幕真心酸，我不觉得这有什么心酸的。

或许那个买跑车的人，他本来想买超级豪华无敌大跑车的，最终却怀着不甘的心情只买了一辆普通的跑车，而那个买电瓶车的人，或许他原本每天都走路，现在好不容易可以骑上车了，心里甚是开心呢。

价格无法映射人们的心理活动，当价格成为你衡量物品的唯一要素时，只能说明你还处在生活的初级阶段，就像我们觉得别人在炫富，而别人仅仅是在生活一样。

不是有句经典的评论叫"嫉妒使我丑陋"吗？也许是作为"价格的奴隶"才让人丑陋，因为你不管看到什么东西，眼里始终只有一串数字，而无法从其他方面来考量一种东西的价值，这样的思维只会让人陷入以偏概全的境地。

喜欢又恰好买得起，那就买呗。不喜欢，别人再怎么威逼利诱也骗不了你的钱。价格不是我们购买与否的决定因素，自己喜不喜欢、买不买得起才是根本原因。

4

"贵的东西除了贵,没什么缺点;便宜的东西除了便宜,没什么优点。"这句话突然将我们拉到一处绝境,好像昂贵和便宜之间只能选一个。

不是还有物美价廉这种说法吗?贵的东西,像苹果手机一样摔不起,因为换屏的钱你可以再买一个新手机,屏幕易碎,换屏昂贵。那便宜的东西呢?是不是只有便宜这一个优点呢?当然不是,你难道没听过坚硬的诺基亚曾挡下飞来的子弹,砸核桃零失手的报道吗?

显然,事物并非只有绝对的两面,我相信这世上总有人可以买到价格公道、质量上乘、自己又特别喜欢的东西。

前段时间偶遇某奢侈品牌打折,原价十多万的衣服低至一折,店里简直人山人海,店员趾高气扬地站在门口说:"好了,放最后一批顾客进来吧。"我们凑上去观望,虽然衣服的价格相较于原价来说已经便宜很多了,但是在我们看来,那些衣服实在太丑了,怎么可能花钱购买。

不是贵的就好,也不是便宜的就差,终究是这些东西有没有入你的法眼,讨不讨你喜欢。再好看、再便宜、再洋气的东西,你不动心,它们就不值一文。

总是阴错阳差,我们变成自己最不喜欢的样子

1

周末,我去见了几年没见的老友。在几百年都不用的导航以及朋友"山路十八弯"的指挥下,我终于跋山涉水地见到了她,心情如同那天金灿灿的太阳,一切绚烂得刚好。

她笑着跑过来与我们会合,还是记忆里那个爱笑的样子,有着一开口就停不下来的话。她虽然企图用刘海遮住半边脸,给人造成脸小了一圈的错觉,但还是被我当场揭穿了。我知道,接下来她一定会开启一个人说到天荒地老的模式,而我们就适当地点点头就好。

果不其然,她开口就"控诉"自己的母亲是如何一步一步将她"打造"

成现在这个样子的。她觉得以前的自己露出大额头,做一个普普通通的单眼皮女孩挺好的,而现在的美丽在她看来十分不自在。她又无奈地笑着说,一切都是按照母亲的意愿来。

2

以前上学的时候,我这朋友就是那种天生不适合学数学的人。你见过数学题也靠背的吗?你见过数学书上的笔记,比历史书上的笔记还密密麻麻的吗?她就是这样的人。

但是她对文字极有天赋,我觉得用一个词形容她比较贴切:文思敏捷。你总是能在她的文字里发现深藏在生活极细腻处的情感。那个时候我常在想,她以后肯定会做与文字相关的工作吧。结果她做了银行的客户经理,而且,她竟然都没有一本金融类证书。她吃力地做着这份工作,说好听点是挑战,难听点是煎熬。刚进银行的那个星期,她就弄错三十六万元钱款,所幸后来都有惊无险地找回来了。她向别人推销理财的时候,也只是生硬地向旁人介绍各类产品的收益算法,还有她为了考证,拼命熬夜复习,最终也过不了及格线……

我问她怎么不做自己喜欢的工作呢,毕竟她那么喜欢文字。她不知道怎么回答我,确切地说,她不知道她辞掉这份工作还能做什么。我们虽然内心对梦想充满了渴望,但现实终究会让你看清楚,自己和这个世界的相处到底有多么不适合。

3

朋友W,一个极其有画画天赋的人,很久以前他告诉我他以后想当一个画家,然而最后他卖起了保险。我呢?虽然大学学的专业与经济相关,却十分厌烦这枯燥的数字。以前快要毕业的时候,别人问我以后会做什么工作,我十分肯定地告诉他,肯定不是财务,然后我就做了快三年的会计。

好像大多数的人总是阴错阳差就变成了以前信誓旦旦绝不会成为的样子,我们到底为什么总是不能做自己喜欢的事呢?短暂的一生,哪有那么多刚好符合你的期望,又能让你衣食无忧的好事。

如果生活有这么多刚好的话,那就不叫生活了,叫享乐,但是,这又并不能成为我们甘愿在现实里苟且、不敢正视内心的说辞,与其苦痛地纠缠在不喜欢的事情里,不如扪心自问希望变成什么样子。

4

正如我的朋友阿翔,他对麻将情有独钟,闲暇时间,不是在打麻将,就是在去打麻将的路上。他说他没有别的什么爱好,就是喜欢打麻将。刚开始,我总是劝他少打点麻将,免得以后患上腰椎间盘突出之类的毛病。他淡定地告诉我,不打才会浑身不舒服……

后来我想,既然他这么喜爱麻将,那么在不耽误正常生活的情况下,把闲下来的时间拿去干自己喜欢的事,其实何尝不是一种幸福。虽然这个爱好在别人看来有些不务正业,但是谁规定每个人闲暇之余就应该好好看书?勤于麻将之业,最终称霸麻将界,谁又能说这不算是一种成功?当然,这只是我自己的一种想法。

我想说的就是,人在年轻的时候,与其逼着自己做不喜欢的事情,不如好好想想,怎么才能更好地变成喜欢的那个自己,毕竟,我们生来并不是要向他人表演的,我们用尽一生,不过是要活成自己想要的那样。

我手臂上有疤,但我不是怪物

1

刚满一岁时,我调皮不懂事,喜欢去揭开水瓶的盖子。有一次我不小心打翻了一整瓶刚烧开的水,我的右手臂被哗啦啦的开水烫得通红。那时负责照看我的四姨年纪不大,因为不知正确的处理方法,在慌乱中直接脱下我身上的毛衣,然后我右手臂的皮就被活生生地扒了下来。

因为当时还小,我完全不记得这件事情了,只是在多年后听我妈说:"你啊,那个时候好勇敢哦,哭都没哭一声。"我抽一口凉气,心里猜想自己很可能是被烫傻了吧,连哭都不会了。

我被紧急送往医院,在病床上躺了足足19天。

写到这里，我的心里又开始隐隐作痛，谁能想象一个刚满一岁的孩子，要遭受如此伤痛。用我奶奶的话说就是："唉，我每次想起，就要流眼泪。"

2

我妈告诉我，在我小时候，总是有很多人想要抱我，他们无一例外地会说："哎呀，这个娃娃好胖，好乖哦，就是这手臂有点可惜了。"

第一次意识到自己留下的疤痕不同于别人，是我上幼儿园的时候发生的一件事。我从小不吃肥肉，但是老师说必须吃下去，不准浪费。我就等老师走出教室时，悄悄把肥肉装进衣服的口袋里，等奶奶接我放学的时候，再丢到外面的垃圾桶里。

有一次被老师看到了，她朝我走来，我死死地把肥肉捏在手心里，她使劲掰开我的手，其间不小心把袖子给我撸了上去。老师看到了我手臂上的疤痕，站在那儿愣了一下，转过身就走开了，没再管我。那时我不过三四岁，却也感受到了别人异样的眼光。

3

后来，我读了小学，整整六年时光，我每天都觉得这道疤是一种羞耻，我总是在心里咆哮，为什么命运如此不公。

我十分讨厌过夏天，因为要穿短袖，会露出手臂上的疤痕，被人议论，这让我心里很不舒服。我让妈妈给我买长袖，妈妈默许。可能她不会想到是因为我手臂上的疤痕吧。所以我小学几乎没怎么穿过短袖，衣柜里全是各种长袖衣服。

我十分在意这道疤，它让我童年的时光过得很不快乐，所以，就连拍小学毕业照时，我也坚持穿着长袖。不过这种自卑感，上初中时，似乎突然间好了很多。

初中入学的第一天，我就穿了短袖去报到，老师给我安排了一个活泼的女孩做同桌。她就像春天早晨里站在树枝上的一只小鸟，叽叽喳喳闹个不停。但我还挺喜欢她这人的，第一天相识，她就给大家分享一种叫"唐僧肉"，实则就是辣条的东西。

我觉得她性格不错，所以就把家里带来的水果分给她吃。我说："你吃点小番茄吧。"我高兴地捧着刚洗过的小番茄，满脸都是笑意地递给她。她忽然像变了一个人，大喊着："啊，拿开拿开，你的手臂好吓人哦。"我快速把手缩了回来，跑出了教室，坐在操场旁边的长廊里，一个人看着那些三两成群的同学们，觉得特别失落，一个人默默地吃完了那些红通通的小番茄。

我是那种记不住烦恼的人，再生气再郁闷，过几分钟就什么都忘了，所以结交朋友倒也容易。只是很多时候，我比较在意如果别人看到我的手臂这么丑，还会不会和我交朋友。初中三年，和我关系最铁的一个同学姓吴，就叫他吴同学吧。第一次分了班，大家不认识，他见我趴在座位上看书，便跑过来问我的手怎么了，烫的还是烧的。

我本来不想讲，想随便搪塞过去的，但想了想我还是告诉了他："是烫的，一岁的时候，开水烫的。""烫得这么凶（惨）啊。"他托起我的右手臂，仔细观察。

我说："你不觉得吓人吗？"他说："这有什么吓人的，你又不是鬼。"这是我第一次觉得这道疤根本不是个事儿。后来，初中毕业照毕业照的时候，我穿了一件浅色的短袖，站在最中间那一排。

4

随着年龄的增长，我的心态当然也日渐成熟而平和起来。那些少年时，因为自己身体的不完美，而潜藏在心里的自卑感也早已不存在了。我不再惧怕向任何人展示我的伤疤，因为我早已将它视为我身体的一部分了。如果再有人问我:"你的手是被烫的吧?"我更愿意打趣说:"不,这是我刚做的文身。"

我前几天在朋友圈发了一张照片,刚好露出了手臂上的疤痕,评论里一片疑问,就连读者群里也有人专门发出照片,问我的手是怎么回事。那时我正在地铁上,为保持平衡,右手拉着环。我坦然回复他们,那是我一岁时烫伤留下的疤。

打字的时候,我余光瞥见身旁有一对情侣,其中那个女孩看了我好久,然后凑到她男朋友的耳边,小声地说话,肯定是在提醒他看我的右手臂。他们俩盯着我的右臂正看时,我突然转过头对他们笑了笑,他们便不好意思地把头转了过去。说来也奇怪,明明过去是我要极力地避开所有人的目光,为何现在是别人害怕被我察觉到这种异样的目光呢?我想起一句话:任何一种生命状态,都值得被温柔以待。

5

一位读者看到我发的朋友圈,特意私信我说:"兔尾,我手上也有疤,和你差不多,我从来不穿短袖,这个夏天我都快被热死了。""不穿短袖""快被热死"这几个字看上去有些矫情,但是我真的太懂他的心情了。那种怕别人嘲笑,被人疏远的感受,我又怎会不知道呢。

我打了好长一串字准备回复他，内容无非是劝他要自信一点、别在意别人的看法等诸如此类的话。但后来我全部删掉了，我觉得那是废话，起不到任何作用。我想了想，告诉他说："哇，你好幸运，这样你挤地铁公交，别人看到你就不敢靠近，不敢过来挤你啦！"他一下就笑了，回复我："谢谢你，让我觉得世界明朗了一些。"

为何要惧怕自己的不完美呢？我手臂上有疤，但我不是怪物。我把所有的嘲讽，当作是从心里吹过的悠然凉风。别人问我："世界有何不同？"我回答："世界因你的不同而不同。"

给你幸福的人,值得陪你一起幸福

1

在电影院看电影时,开始前的那几分钟,总是被眼花缭乱的广告占据,我通常都是低头玩手机,不瞥一眼。某一次,却被一则汽车广告的短片,狠狠扎了心。

短片里,头发灰白的年迈父母,将打包好的笨重行李,从屋子里提出来交给孩子。父母把他们送出家门后,站在车后,看着孩子一个个驾车而去。当父母与孩子们目光交会,父母又挥挥手灿烂地笑,待目送孩子们远去后,脸上却是一种说不出的表情。

我立刻就想到了"空巢老人"这个词语。这词太孤寂,不仅独自一人,还要独守一屋。明明他们膝下有儿有女，却如同一个在禁闭环境中生活的孤寡老人。

我想，大概失落是一瞬间的，而孤独带来的创伤却是永久的。就好比额头上挂满汗珠，在厨房里被油烟呛出眼泪的母亲，以及戴着老花镜，工整地摆好碗筷的父亲，他们守着一桌热腾腾的饭菜，正等着你的归来。突然，你一个电话打来说，对不起，有事不回来了。他们假装释怀，嘴里说没关系，心里却想着好可惜。

给你幸福的人啊，他们越老就越不肯离去，始终坚守在原地等你。

2

这几天，一个番茄炒蛋的视频拨动着大家的神经。远在异国的儿子想要在外国友人面前展现厨艺，做一道令人艳羡的番茄炒蛋，结果面对陌生的食材，却无从下手。他立刻拿起手机，毫不犹豫地吵醒了凌晨四点睡得酣甜的母亲。母亲一字一句地传授着番茄炒蛋的做法，最后成功做出美味的儿子，在异国获得了大家的称赞，却让电话那头的母亲没有了睡意。

本来作者上传这个视频是准备让人感动的，却没想到被很多人指责："这大半夜的，你妈给你打电话，让你教她做番茄炒蛋，你有什么感想？是不是很生气？"我们可以不分时间，一个电话就让父母起身忙碌，而有多少人能够在父母需要你时可以立刻满足他们呢?

　　父母之爱,好像永远都是那么无私,渗透进我们生活的点点滴滴,我们在需要的时候就索取,不需要的时候就推开。那给你幸福的人啊,他们总是热切地来,却落寞地回。他们不知计较,甘愿永远做你后备厢里那个被遮盖住的"备胎"。

3

　　我妈对我说:"你爸说你们都四天没有回来了,他盘算着你们什么时候回来吃饭呢。"我心想,不至于吧,我刚结婚搬出父母家,才四天没见着就开始念叨了啊。

　　"是谁说以后结了婚赶紧搬出去住,别再给你们添乱的啊?呵刀子嘴,豆腐心。"

　　一旦你没在父母面前晃悠,他们就立刻发现生活变得孤单寂寞了。

　　别人都说,没做过父母的,不知思念孩子的爱与痛。是啊,没做过父母的人都有这样不负责任的心态:反正天塌下来有人会顶,反正爸妈把我捧在手心里。

　　可是,我们今天在微博上刷刷这个明星的八卦新闻,送点礼物,明天刷刷那个偶像的最新动态,却从来不会主动给爸妈发去一句问候。

给你幸福的人不仅给了你生命,还给了你不愁吃穿住行的物质支持,却没有换来你的一句谢谢。

4

其实他们多么想和你一起出行,坐在你的新车里,听时髦的音乐,看美丽的风景。他们嘴上说我不去,是因为怕给儿女添麻烦。

想起每次出国旅行回来,爸妈都伫立在出口的最前面,端着热茶,巴望着我的身影。见我出来时,他们又立刻抢过我手里沉重的行李,娴熟地给我披上外衣。我每次见状都打趣地说,我又不是刚出狱,怎么对我这么客气。

后来我才明白,当我在外旅行,放空自己的时候,他们却无时无刻不牵挂着我,担心我穿得少、玩得不开心……他们啊,满脑子想的都是我。

我们总是说世界很大家很小,家确实很小,爸妈的心里只能容纳你一个人。

愿你我都能在这凡尘俗世里,活得自由、走得从容

1

不时有人问我,写作可以赚钱吗?能赚多少钱?当别人问我这个问题的时候,我会反问:写作不能赚钱,我就不能写了吗?真正热爱一件事时需要考虑的不是它是否给你荣耀,而是它能否带给你内心安详。

我喜爱写作,是因为写作能让我暂时逃离现实的嘈杂与浮躁,得到片刻的安宁。

匠人精神对写作者来说同样极其重要。卖豆浆油条卖到食客为品尝其美味专程从各地赶来,这是别人数十年如一日的坚持才能收获的名誉。写作同理,并不是每一个作家都要成为一代文坛巨匠才算没有白费自己的辛苦。关

于写作，我读到过一句比较认同的话：写作，无非是让自己在岁月流逝中获得心安。

时常有读者会说：最近缺钱、家里困难、生活费不够，等等，问我写作能否立刻变现。先不谈如此功利的想法是对是错，要说这世界上有那么多能够赚钱的工作，写作绝不是你的首选。那些成名的作家或许是命中带财，恰好他们的文字被人喜欢，别人愿意买单。

我想，每一个所谓成功的写作者，最初都是因为喜欢才开始写作的。那么写作可以赚钱吗？确实可以，不过你可想清楚了，脑细胞会死很多，它不比其他工作轻松多少。

2

我曾经在一家公司上班，后来辞职回家，想要试图靠写文章养活自己。开始时，文章写完四处去投稿，却频频碰壁，几乎没有回应。后来熟悉套路了，便会刻意写点大众喜好的文字，或偏激或焦躁，虽然不是自己心之所愿的文章，它却能给大众开胃消食。

这些文字虽然出自我笔，可是我一点都不喜欢，我感受不到字里行间的温度，甚至连读的欲望都没有。我这样写了两个月，收获倒是有，却仅仅是那银行卡上多出的几千元钱，除此之外，我一无所获。

我每天逼迫自己去迎合大众的胃口，编辑说读者想看什么你就写什么，我遵照执行，却忽略了自己的内心。结果就是我越写越熟，越写越不自由。每每想到我自己的口号：做一个自由的写作者，就感觉自己被狠狠地赏了一巴掌。虽然写这些文章得到的报酬丰厚，但是内心是空洞的。

我选择停下来，删掉那些存在电脑里、霸占我思想的文档。对我来说，不能自由地写作，无疑是一种痛苦的折磨。想起之前朋友描述写出超过十万阅读量爆文的感受：有种飘飘然的快乐，可是之后就会有一种落寞。然后就是不断逼迫自己写更夸张的内容、找更适合的套路、取更露骨的标题……如此反复，渐渐地就忘掉了自己写作的初心。

我深有同感，就像曾经强迫自己写不对味文章的时候，原来想要追寻的"诗和远方"全被我抛之脑后。我得到了"真金白银"，同时也失掉了写作的真心。

3

虽然我常常觉得自己懒惰，说好今天要写文章，结果拖到了第二天、第三天，甚至干脆不写，但是我深知，这懒的背后，其实是灵感的缺乏。没有写作欲望和写作灵感的时候，我甚至不想打开电脑，我不想写了又删，浪费时间，更害怕写出的文章激不起读者内心的波澜。写作是一件有责任感的事，我不想敷衍了事。况且读者也不是傻瓜，他们能隔着屏幕感受到你是否真心，所以，没有真实感受的时候，我宁愿不写，因为我要对自己、对读者负责。

本来起初开设公众号的目的只是记录生活，想写什么写什么。现在看来，虽然我没有多大的成就，但至少我公众号的文章，每一篇都记录了自己内心真实的感受和真诚的想法，或许写得不是很好，或许并不能得到每个人的认同，但至少是我真心想表述的内容。

在自媒体这个圈子里，多数人都是急功近利的，想着怎么一夜爆红。他们会在熟睡的深夜，被某个明星出轨、结婚、生孩子等一些热点新闻吵醒，然后揉搓着睡眼打开电脑，写文章蹭热度。诚然，这会带来许多流量，但是拨开这一堆流量数字能获得什么，真是不好说。或许你嘴里的自由在别人眼里一文不值，可是还是有很多不追热门，不迎合大众的默默无闻、笔耕不辍的码字者，他们读者不多，但是他们十分自由。能自由地写自己喜欢的文字，这又何尝不是一种幸运，你说呢？

4

写作是需要天赋的，这一点不得不承认。有的人就算吃掉一百本书，也无法写出几句像样的段落；可是有的人即使没有读过很多书，但是依然能写出优美的句子和动人的文章。

因为写作，我认识了很多志同道合的朋友，其中不乏很多中文系专业出身的。与大家切磋论道会发现，科班出身但是写不出好文章的人比比皆是。

很喜欢看一位学中文的朋友写的文章，文笔清新隽永，常常会让我多读好几遍才作罢，可是也有另外同是学中文的朋友，不是说写的文章不好，但是与上一位朋友相比，真的有些相形见绌了。

那么是不是说写作就是老天爷赏饭吃，努力也没办法呢？当然不是。即使没什么天赋，通过努力也可以写出不凡的文章。

也是写作圈的一位朋友，原本的专业是机械制造，但是对文字情有独钟，于是开始写作。我和他聊过，他说他从小就不擅文墨，可是很喜欢看书。上大学的时候，他开始尝试写作，刚开始的时候，文章写得简直就是小学生水平。可是他不认输，坚持每天看书，看到好的句子就摘抄下来，而且每天坚持写作，一天都没有落下过。最后我看到他的文章出现在知名的刊物上，我欣然一笑，这是他应得的。我们时常交流，从他的身上，我看到了一个写作者的初心，更看到了他对写作的那份坚持。

其实很多事情看上去难于登天，可是只要你能坚持下来，总会有所收获。写作同样是这个道理，你不要总想着今天可以写出阅读量超过十万的爆文，明天可以上头条等不现实的事情。在你还没有具备一定的能力之前，一切都是空想。如果你喜欢做一件事情，别问它能带给你什么，尽管埋头去做就好。时间久了，自然会给你丰厚的回报。

5

再看之前写的那篇《永远做一个自由的写作者》，读完依旧热血沸腾。我想写作对于我来说，就像是吃饭睡觉一样，我会一直写下去。了解我的人都知道我是一个特佛系的人，喜欢看佛法，喜欢读些宗教文化相关的书籍，因为这样会让我感到平静。

所以我十分庆幸能在这十几亿的人海里，偏偏认识你，还是通过我写的文字彼此相识，这是缘分，光是想想都觉得奇妙。我感念有这么多人关注我，听我的"胡言乱语""不知所云"。我觉得自己是幸运的，还有人愿意花点时间来阅读我的文章。或许我永远无法做到真正脱离尘世，可写作能让我在这凡尘里获得片刻的宁静，这已然让我欣喜不已。

虽然过往的文章有幸被一些平台转载发表，但是我深知这仅仅是一种幸运，我不是有写作天赋的人，只是一个好文喜字的普通人。人生有无味道、是否留存故事，我不想多问，但是能否写出阅读量超过十万的爆文绝不是衡量一个作家是否成功的唯一标准，所以千万别把自己推进这个坑里。

人生就是一篇不断更新连载的文章，你只要写出自己的故事即可。你问我未来怎样，我不知道，我能做的就是通过自己手中的这支拙笔去书写，认识世界，探索未来。愿你我都能在这凡尘俗世里，活得自由、走得从容。